棒针编织
动物花样的冬日配饰

［日］沟畑弘美 / 著

蒋幼幼 / 译

中国纺织出版社有限公司

目 录

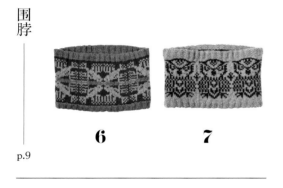
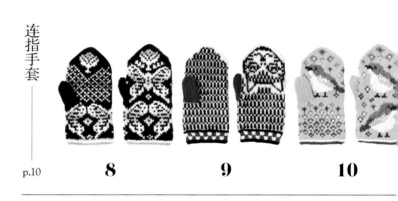
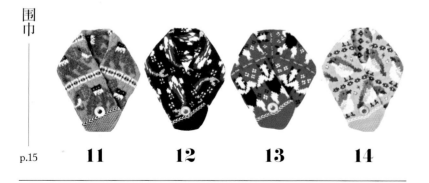
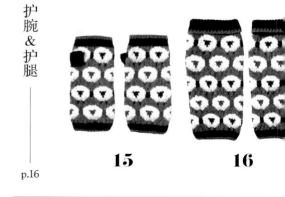

单肩包 ——

p.19

17　　**18**　　**19**

亲子帽 —

p.20　　**20**　　**21**

带尾巴的手提包 ——

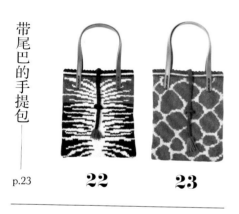

p.23　　**22**　　**23**

束口袋 —

p.24　　**24**　　**25**

杯套 —

p.25　　**26**　　**27**　　**28**　　**29**

露指手套

制作方法：p.32, 33
用线：和麻纳卡 Amerry

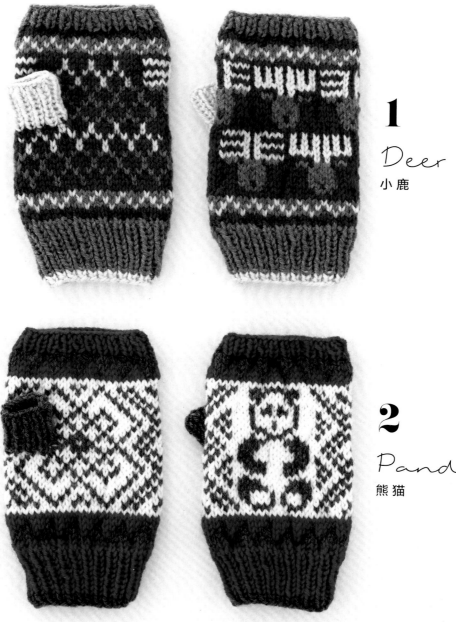

1

Deer
小鹿

2

Panda
熊猫

小鹿的鹿角煞是可爱，
熊猫的造型憨态可掬。
露指手套厚实保暖，又可以自由活动指尖，
无论室外还是室内都会非常实用，
是寒冷季节的必选单品。

帽子

制作方法：p.34~36
用线：和麻纳卡 Amerry

4
Penguin
企鹅宝宝

3
Bee
蜜蜂

5
Butterfly
蝴蝶

将小动物和几何图案错落有致地组合在一起，
编织成带小绒球的帽子。
寒冬时节搭配这样的针织帽，既保暖又可爱。

围脖

制作方法：p.38, 39
用线：和麻纳卡 Amerry

一款两用的双面围脖令人惊喜。
组合方法也很简单，将编织成筒状的织物对折后缝合即可。
是一款厚实保暖的单品。

6

Bird

小鸟

7

Owl

猫头鹰

连指手套

8
Butterfly
蝴蝶

9
Cat
小猫

10
Red-flanked Bluetail
红胁蓝尾鸲

在连指手套这样小小的织物中, 设计精巧的花样体现了编织者的精益求精。
手掌和手背的设计不尽相同, 让人倍感手作的温暖和精致。

Red-flanked Bluetail

红胁蓝尾鸲花样的
围巾&连指手套

这是作品 10 和作品 14（参照 p.10, 15）组成
的一套配饰。
红胁蓝尾鸲的名称就是取自它那鲜亮的深
蓝色羽毛。
色彩鲜艳的作品可以为偏暗沉的冬日装束
增添一抹亮色。

Butterfly

蝴蝶花样的帽子&连指手套

这是作品5和作品8(参照 p.6, 10)组成的一
套配饰。
蝴蝶花样外形柔美，给人一种女性般优雅
的感觉。
使用沉稳的色调编织，不会过于甜美，
整体设计成熟又不失可爱。

13

围巾

制作方法：p.43～47
用线：和麻纳卡 Amerry

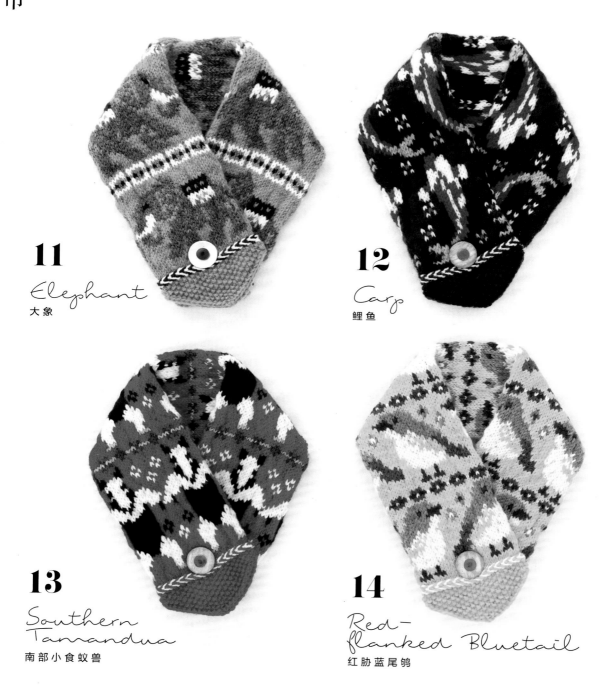

11

Elephant

大象

12

Carp

鲤鱼

13

Southern Tamandua

南部小食蚁兽

14

Red-flanked Bluetail

红胁蓝尾鸲

从人气很高的大象，到比较少见的小食蚁兽，
光是看着围巾上各种各样的小动物就让人心情愉悦。
穿脱方便的纽扣设计也是令人欣喜的一大亮点。

护腕 &护腿

制作方法：p.48, 49
用线：和麻纳卡 Amerry

Sheep
绵羊

15

16

这套护腕和护腿配饰可以为我们的身体御寒保暖。
一排排的羊群花样可爱极了，
松软的羊毛是用桂花针编织而成。

单
肩
包

制作方法：p.50～52
用线：和麻纳卡 Amerry

17

Fish

小鱼

18

Chameleon

变色龙

19

Sulphur-crested Cockatoo

葵花凤头鹦鹉

连续的小鱼花样、宛如一幅画作的变色龙……
扁平的包包上可以编织各种有趣的花样。
里面加了内袋，提手也使用了其他材料，
不必担心织物拉伸变形，非常实用。

制作方法：p.56, 57
用线：和麻纳卡 Amerry

亲
子
帽

Hedgehog
刺猬

20
儿童款

21
成人款

这两款刺猬花样的帽子使用了不同的尺寸，
可以与孩子一起佩戴。
儿童款还增加了可爱的刺猬小绒球。
冬天戴上亲子帽外出游玩，一定会更加愉快。

带尾巴的手提包

22 *Okapi* 霍加狓

23 *Giraffe* 长颈鹿

霍加狓与长颈鹿手提包的尾巴设计新颖独特。
将尾巴穿入线环，就可以起到锁扣固定的作用。
前、后侧不同图案的双面设计也非常讨人喜欢。

制作方法：p.58, 59
用线：和麻纳卡 Amerry

24

Frog
青蛙

25

Armadilla
犰狳

这是两款束口袋，
青蛙的小表情天真可爱，犰狳的外形别具一格。
好用不嫌多的束口袋也可以当作礼物送人。
因为加了布制内袋，可以放入各种物品，非常好用。

杯套

制作方法：p.60, 61
用线：和麻纳卡 Amerry F（粗）

26

Bear

小熊

27

French bulldog

法国斗牛犬

28

Cat

小猫

29

Pig

小猪

随身携带热饮时，杯套可以起到很好的保温作用。
因为织物具有伸缩性，正常尺寸的杯子都可以使用。
相比其他作品更简单一些，初学者不妨一试。

基础教程

◆ 另线锁针起针后环形编织的方法　　※ 因为后面要解开起针的锁针，注意挑针时不要劈线。

1

使用钩针以及与作品不同的编织线（为了便于后面解开，请选择顺滑的线），钩织所需针数的锁针（参照 p.62）。在锁针的里山插入棒针。此时，从锁针的终点一侧开始挑针。

2

将编织线挂在针上拉出。

3

拉出线后，1 针就完成了。接着用相同方法从每针锁针里山挑出 1 针。

4

编织几针后的状态。

5

用 5 根棒针编织时，依次用 4 根棒针挑针，每根棒针上的针数要均等。

6

用 4 根棒针另线锁针起针完成。棒针上的线圈就是第 1 圈。从下一圈开始，用第 5 根棒针编织。在编织起点与终点的交界处（★）穿入针数记号扣，以便后面计算针数。

7

朝一个方向编织至最后一圈。解开另线锁针，将第 1 圈的线圈移至棒针上。此时，将线圈平均移至 4 根棒针上。

8

线圈移到了 4 根棒针上。接着朝相反方向编织。

◆ 手指挂线起针后环形编织的方法

用 5 根棒针编织的情况

1

用 5 根棒针的其中 2 根，参照 p.62 "手指挂线起针"完成指定针数的起针。

2

抽出 1 根棒针，将线圈平均分到 4 根棒针上，注意不要扭转线圈。

3

将线圈平均分到 4 根棒针上后，在编织起点与终点的交界处穿入针数记号扣，以便后面计算针数。

4

将线圈平均分到 4 根棒针上的状态。这就是第 1 圈。因为棒针之间的针脚容易松弛，可以一边编织一边错开分到针上的线圈的位置。

用环针编织的情况

1

用环针的一端（1 根），参照 p.62 "手指挂线起针"完成指定针数的起针。此时线圈要松一些，注意线圈大小保持一致。

2

如果觉得用环针松松地起针很难，也可以参照 "用 5 根棒针编织的情况"的步骤 **1**，使用与环针相同针号的 2 根棒针完成指定针数的起针，然后抽出 1 根棒针，再将线圈移至环针上。

3

环针上起好所需针数后，在编织起点穿入针数记号扣，以便后面计算针数。

4

环针上起针完成后的状态。这就是第 1 圈。

扭下针的编织方法 ⊠（前一行是挂针 ⊙ 的情况）

※ 以前一行是挂针的情况为例进行说明（前一行编织挂针加针时，下一行将挂针扭转后编织，这样可以避免挂针太松）。

1

如箭头所示，在左棒针的挂针里插入右棒针。

2

插入右棒针后的状态。如箭头所示，在针头挂线后拉出。

3

扭下针就完成了。挂针如图所示呈扭转状态。

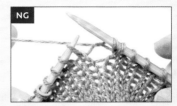

NG

（错误的编织方法）
需要注意的是，前一行的挂针如果不扭转一下照常编织下针，就会出现像图中一样的大洞。

上针的伏针收针方法

1

编织 2 针上针。

2

在已织的第 1 针上针里插入左棒针，将其覆盖在第 2 针上（套收）。

3

覆盖后，1 针上针的伏针就完成了。用相同方法重复"编织 1 针上针，与步骤 **2** 一样套收"。

4

1 行上针的伏针收针完成后的状态。

单罗纹针的伏针收针方法　※ 前一行是下针时编织下针套收，上针时编织上针套收，按此要领重复收针。

1

前一行的第 1 针是上针，所以编织 1 针上针。

2

前一行的第 2 针是下针，所以编织 1 针下针。如箭头所示，在已织的第 1 针里插入左棒针。

3

插入左棒针后，将第 1 针覆盖在第 2 针上。

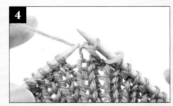

4

1 针伏针收针完成后的状态。用相同方法重复"编织前一行相同的针法，与步骤 **2**、**3** 一样套收"。

◆ 下针无缝缝合的方法

5

编织几针伏针收针后的状态。

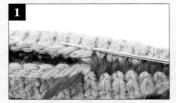

1

将织物正面朝外对齐进行缝合。将线穿入缝针，如图所示在后片织物里挑针。

2

如图所示在前片织物里挑针。

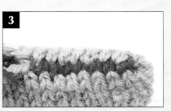

3

用相同方法交替在前、后片织物里挑针，缝合至末端。图中是缝合几针后的状态。

◆提花花样的换线方法

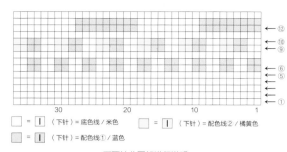

□ = [I] (下针)=底色线／米色
□ = [I] (下针)=配色线2／橘黄色
▨ = [I] (下针)=配色线①／蓝色

下面按此图解进行说明。

←⑫
←⑩
←⑨
←⑥
←⑤
←①

30　20　10　1

用2种颜色编织的情况（第6圈）

1 反面　配色线①

第6圈是用2种颜色编织。开始编织前，首先在织物的反面将新的配色线①（蓝色）与前面编织的底色线（米色）打结连接。将织物翻回正面，底色线放置一边暂停编织，用配色线①编织2针下针。

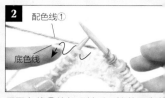

2 配色线①　底色线

用配色线①编织2针后，接着用底色线编织2针下针。此时，如图所示按"配色线①在上，底色线在下"的要领编织。

3 配色线①　底色线

用底色线编织2针后的状态。接着按相同要领，始终保持"配色线①在上，底色线在下"的位置关系，用指定颜色的线继续编织。

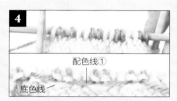

4 配色线①　底色线

第6圈编织完成后的状态（上图）。下图是从织物反面看到的状态。始终按"配色线①在上，底色线在下"的要领渡线编织，反面的渡线就会很整齐，针脚也很美观。渡线如果拉得太紧，织物就会起皱，所以编织时渡线要稍微松一点。

用3种颜色编织的情况（第9圈）

1 配色线②

第9圈是用3种颜色编织。开始编织前，首先在织物的反面将新的配色线②（橘黄色）与前面编织的配色线①（蓝色）或底色线（米色）任意1种颜色的线打结连接。另外，用3种颜色编织时，线很容易缠在一起。将3种颜色中用量最少的线剪至"要使用的长度+10cm"，这样即使线缠在一起也比较容易解开。

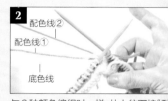

2 配色线②　配色线①　底色线

与2种颜色编织时一样，从上往下按"配色线②→配色线①→底色线"的要领渡线，用底色线编织2针下针。

3 配色线①

用底色线编织2针后的状态。接着按相同要领，保持步骤**2**中确定的编织线的位置关系，用配色线①编织2针下针。

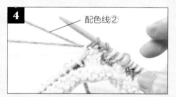

4 配色线②

用配色线①编织2针后的状态。接着按相同要领，保持步骤**2**中确定的编织线的位置关系，用配色线②编织2针下针。

5

用配色线②编织2针后的状态。始终保持步骤**2**中确定的编织线的位置关系继续编织。

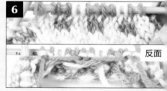

6 反面

第9圈编织完成后的状态（上图）。下图是从织物反面看到的状态。3种颜色的渡线并然有序。用3种颜色编织比2种颜色编织时的渡线更容易拉得太紧，所以编织时渡线要更加松一点。

横向渡线很长的情况（第12圈）　※花样间隔比较远、渡线过长时，为了避免牵扯，可以在中途交叉压线。

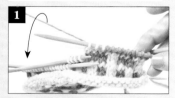

1

用同一种颜色连续编织5针及以上时，在中途将暂停编织的线交叉压线后继续编织。首先，如箭头所示将暂停编织的线（蓝色）与编织线交叉压线。

2

交叉压线后，用编织线（米色）编织1针下针，将暂停编织的线（蓝色）也包在针脚里一起编织。

3 反面

用编织线（米色）编织1针后的状态（上图）。下图是从织物反面看到的状态。包住暂停编织的线一起编织后，就可以有效固定渡线。

4 反面

继续编织几针后从织物反面看到的状态。为了避免渡线过长，一边编织一边在中途加以固定。

重点教程

8、9、10　图片&制作方法：p.10 & p.40~42

拇指的编织方法　※ 以作品 9 的右手为例进行说明

拇指孔的编织方法（第 18 圈）

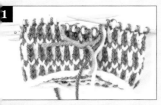

1

编织至第 18 圈的拇指位置前，在左棒针上拇指位置的指定针数（9 针）里穿入另线休针。

2

接着在拇指位置的上侧起针。左手带白色线，在右棒针上从前往后绕 2 圈线（左图）。在第 1 个线圈里插入左棒针，将其覆盖在第 2 个线圈上（右图）。

3

覆盖后，就用白色线编织了 1 针（左图）。按相同要领，用蓝色线编织 1 针。用蓝色线编织 1 针后的状态（右图）。

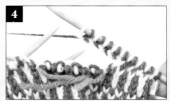

4

按相同要领用指定颜色的线编织指定针数（9 针）。图中是在拇指的上侧编织了 9 针后的状态。

5

编织指定针数后，按图解继续编织第 18 圈剩下的部分。

拇指的挑针方法（拇指的第 1 圈）

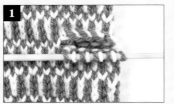

1

将穿入另线的 9 针移至棒针上。拇指的第 1 圈是从拇指位置的上下两侧各挑 9 针，两端各挑 1 针，共 20 针。

2

首先编织下侧。用新线编织 9 针下针。此时编织起点留出长一点的线头，以便在编织起点的空隙较大时可以用来修补调整。

3

下侧的 9 针编织完成。因为一共有 20 针，所以要用 4 根棒针，每根分到 5 针进行编织。

4

在边上编织 1 针。在上侧与下侧之间的渡线里从内向外插入棒针（❶），向下扭转半圈（❷）。图中是扭转后的状态。

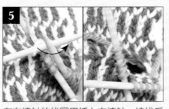

5

在左棒针的线圈里插入右棒针，挂线后拉出（左图）。边上的 1 针就完成了。

6

上下翻转织物，开始编织拇指的上侧。在 2 个针脚之间插入棒针（分开 V 字形针脚）。

7

插入棒针后的状态。在针头挂线后拉出。

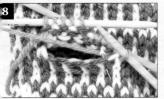

8

边侧就完成了 1 针。用相同方法分开针脚插入棒针，编织 9 针。

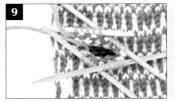

9

上侧的 9 针编织完成。

10

接着在边上编织 1 针。如箭头所示在上侧与下侧之间的渡线里插入棒针。

11

插入棒针后的状态。如箭头所示在左棒针的线圈里插入右棒针，挂线后拉出。

边上的 1 针就完成了。

一共编织 20 针，拇指的第 1 圈就完成了。

拇指的编织终点留出长一点的线头剪断。将编织终点的线头穿入缝针，在棒针上剩下的所有线圈里穿一圈线。穿线后，抽出棒针。

在所有线圈里穿好 1 圈线后的状态。

在所有线圈里再穿 1 圈线。

穿好第 2 圈线后的状态。拉紧线头（左图）。收口被拉紧后的状态（右图）。

从收口处将线头穿入反面。

在织物的反面针脚里穿上几针后藏好线头。

11、12、13、14　图片&制作方法：p.15 & p.43~47

◆双色横向辫子针的编织方法

第 1 圈

双色横向辫子针全部使用与前一圈相同的颜色编织。首先前一圈编织完成后，将前一圈的 2 种颜色的线放在织物的内侧。此时，将接下来要编织的红色线（★）放在蓝色线的下方。用红色线编织 1 针上针。

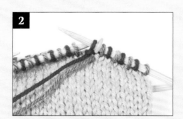

用红色线编织 1 针上针后的状态。

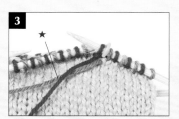

将接下来要编织的蓝色线（★）放在红色线的下方，交叉后用蓝色线编织 1 针上针。

用蓝色线编织 1 针上针后的状态。

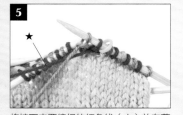

将接下来要编织的红色线（★）放在蓝色线的下方，交叉后用红色线编织 1 针上针。

用红色线编织 1 针上针后的状态。按以上要领，第 1 行重复"将接下来要编织的线放在下方交叉后编织上针"。

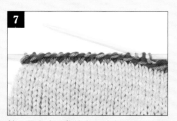

第 1 圈完成后的状态。针脚呈现漂亮的斜向渡线。

第 2 圈

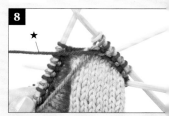

继续编织第 2 圈。将接下来要编织的红色线（★）放在蓝色线的上方，交叉后用红色线编织 1 针上针。

9

用红色线编织1针上针后的状态。

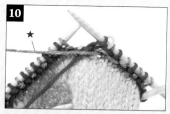

10

★

将接下来要编织的蓝色线（★）放在红色线的上方，交叉后用蓝色线编织1针上针。

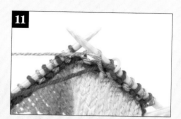

11

用蓝色线编织1针上针后的状态。

12

按以上要领，第2圈重复"将接下来要编织的线放在上方交叉后编织上针"。图中是编织几针后的状态。针脚呈现出与第1圈相反的斜向渡线。

10、11、13、14 图片&制作方法：p.10,15 & p.40~42, p.43~47

◆动物眼睛的编织方法

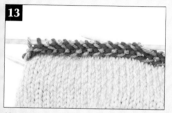

13

第2圈编织结束，双色横向辫子针就完成了。渡线呈箭羽状花样。

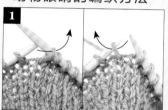

1

用眼睛对应颜色的线编织1针下针。下针完成后，将该线圈移至左棒针上（左图）。在刚才移过去的线圈里挑针编织1针上针（右图）。

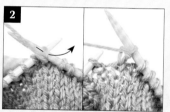

2

插入棒针，挂线后拉出（左图），1针上针就完成了（右图）。

3

就像这样，在动物的眼睛位置用对应颜色的线编织下针，然后将该线圈移至左棒针上，再在该线圈里编织上针。图中是继续编织几针后的状态，黄色的地方就是眼睛。

本书使用线材介绍

Amerry

材质　羊毛（新西兰美利奴羊毛）70%、腈纶30%
规格　40g/团
线长　约110m
颜色数　52色
适用针号　棒针6~7号

※ 图片为实物粗细

Amerry F（粗）

材质　羊毛（新西兰美利奴羊毛）70%、腈纶30%
规格　30g/团
线长　约130m
颜色数　26色
适用针号　棒针4~5号

※ 图片为实物粗细

■ 颜色数为截至2021年11月的数据。■ 因为印刷的关系，可能存在些许色差。

制作方法

1、2 露指手套

图片：p.5

◆ 材料

1 和麻纳卡 Amerry／棕色（23）…20g，森绿色（34）…16g，米色（21）…11g

2 和麻纳卡 Amerry／暗红色（6）…14g，白色（20）、炭灰色（30）…各12g，橄榄绿（38）…5g

◆ 针

1、2 5根棒针6号、5号

◆ 密度（10cm×10cm 面积内）

1、2 提花花样／24针，25行

◆ 成品尺寸

1 手掌围 21.5cm，长 19.5cm

2 手掌围 21.5cm，长 19cm

◆ 编织方法 除特别指定外，均为 1、2 通用的编织方法

1 用5号针手指挂线起44针，连接成环形。

2 按单罗纹针条纹花样编织12圈。注意左、右手的编织起点位置不同。

3 换成6号针，接着按提花花样编织（参照 p.28）。在第1圈通过挂针加针，编织至第17圈。

4 编织至第18圈的拇指位置后，参照 p.29 "拇指孔的编织方法"，在左棒针上的9针里穿入另线休针，在拇指的上侧编织9针。这就是拇指的挑针位置。注意左、右手的拇指位置不同。接着无须加减针继续编织至第34圈。**1** 在第35圈减针。

5 换成5号针，**2** 在第1圈减针，编织4圈单罗纹针，结束时做伏针收针（参照 p.27）。

6 编织拇指（5号针）。参照 p.29 "拇指的挑针方法"，从主体的拇指位置挑针编织1圈下针，从第2圈开始无须减针编织单罗纹针至第9圈。编织结束时做伏针收针（参照 p.27）。

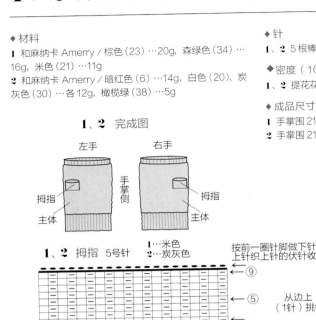

1、2 完成图

左手　右手

拇指　主体　手掌侧　拇指　主体

1、2 拇指 5号针

1…米色
2…炭灰色

按前一圈针脚做下针织下针、上针织上针的伏针收针（参照 p.27）

← ⑨
← ⑤
← ①

20　15　10　5　1

※拇指第1圈的编织方法请参照 p.29

拇指第1圈的挑针方法

从边上（1针）挑针　（9针）挑针　（9针）挑针　从边上（1针）挑针

□ = │

配色 ｛
=森绿色
=棕色
=米色

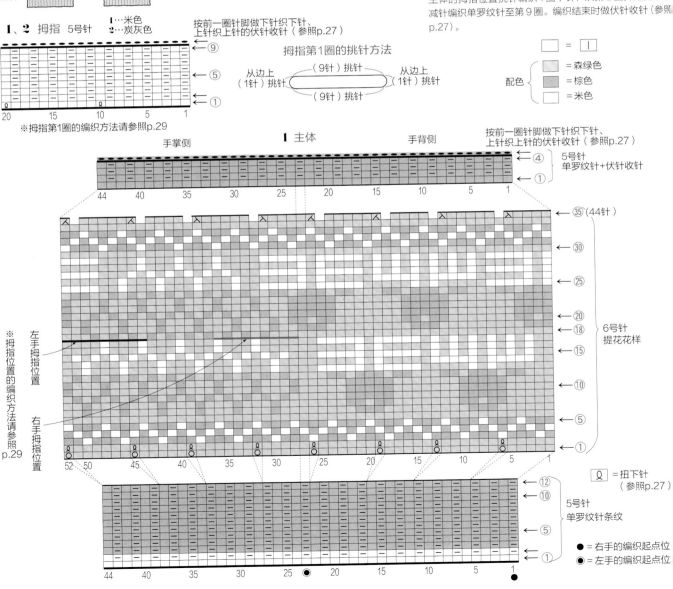

1 主体

手掌侧　手背侧

按前一圈针脚做下针织下针、上针织上针的伏针收针（参照 p.27）

← ④
← ①

5号针 单罗纹针+伏针收针

44　40　35　30　25　20　15　10　5　1

← ㉟（44针）
← ㉚
← ㉕
← ⑳
← ⑱
← ⑮
← ⑩
← ⑤
← ①

6号针 提花花样

※拇指位置的编织方法请参照 p.29

左手拇指位置

右手拇指位置

52　50　45　40　35　30　25　20　15　10　5　1

Ｑ = 扭下针（参照 p.27）

← ⑫
← ⑩
← ⑤
← ①

5号针 单罗纹针条纹

44　40　35　30　25　20　15　10　5　1

● = 右手的编织起点位
◉ = 左手的编织起点位

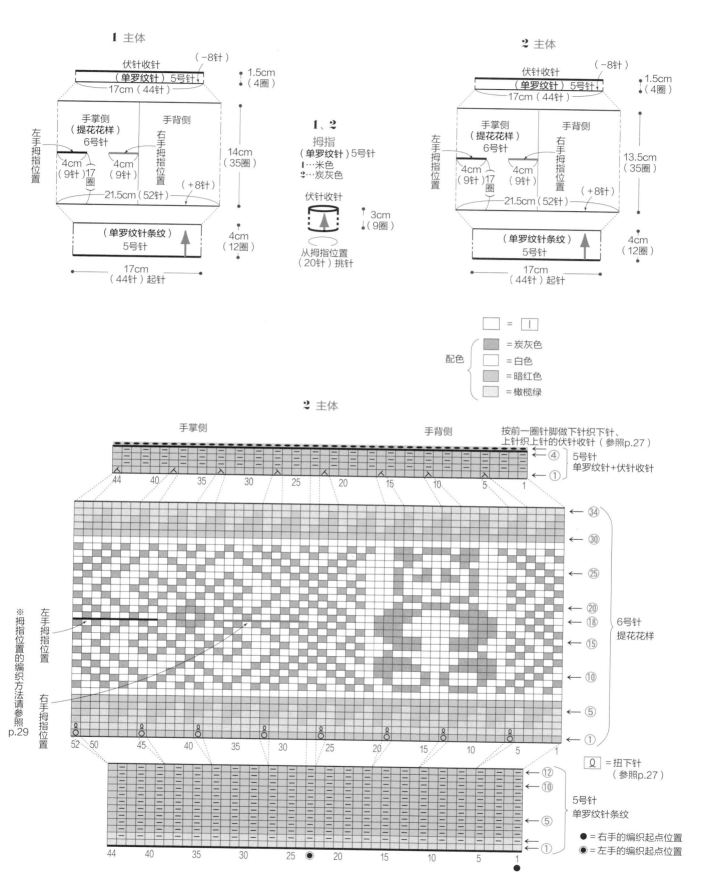

3、4、5 帽子

◆ 材料

3 和麻纳卡 Amerry／燕麦色（40）…35g，橄榄绿（38）…
35g，玉米黄（31）…8g，白色（20）…6g
4 和麻纳卡 Amerry／炭灰色（30）…33g，瓷蓝色（29）…
21g，白色（20）…17g，藏青色（53）…4g
5 和麻纳卡 Amerry／藏青色（53）…40g，白色（20）、
雾灰色（39）…各13g，丁香紫（42）…4g
全部通用 宽9.5cm 的厚纸 …1张

◆ 针

3、4、5 5根棒针6号，环针
（长40cm）6号、5号

◆ 密度（10cm × 10cm 面积内）

3、4、5 提花花样／24针，25行

◆ 成品尺寸

3 头围55cm，深27.5cm（含折边）
4 头围53.5cm，深26cm（含折边）
5 头围54cm，深21.5cm

◆ 编织方法 ※除特别指定外，均为**3、4、5**通用的编织方法

1 用5号环针手指挂线起针，**3** 起110针，**4** 起112针，
起104针（参照p.26）。
2 按条纹花样编织，**3、4** 编织26圈，**5** 编织14圈。
3 换成6号环针，接着按提花花样编织（参照p.28）。
第1圈通过挂针加针，**3** 编织36圈，**4** 编织30圈，**5** 编织
32圈。
4 换成6号棒针，一边分散减针一边编织。**3** 编织11圈，
编织14圈，**5** 编织11圈。
5 参照p.30"收紧线圈的方法"，在最后一圈剩下的线圈
穿线收紧，做好线头处理。
6 参照p.36的图示制作小绒球，缝在帽顶。

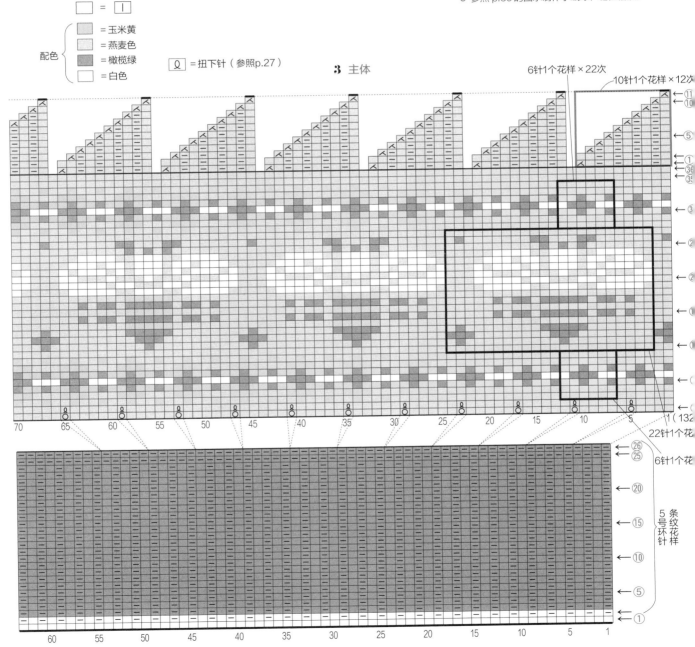

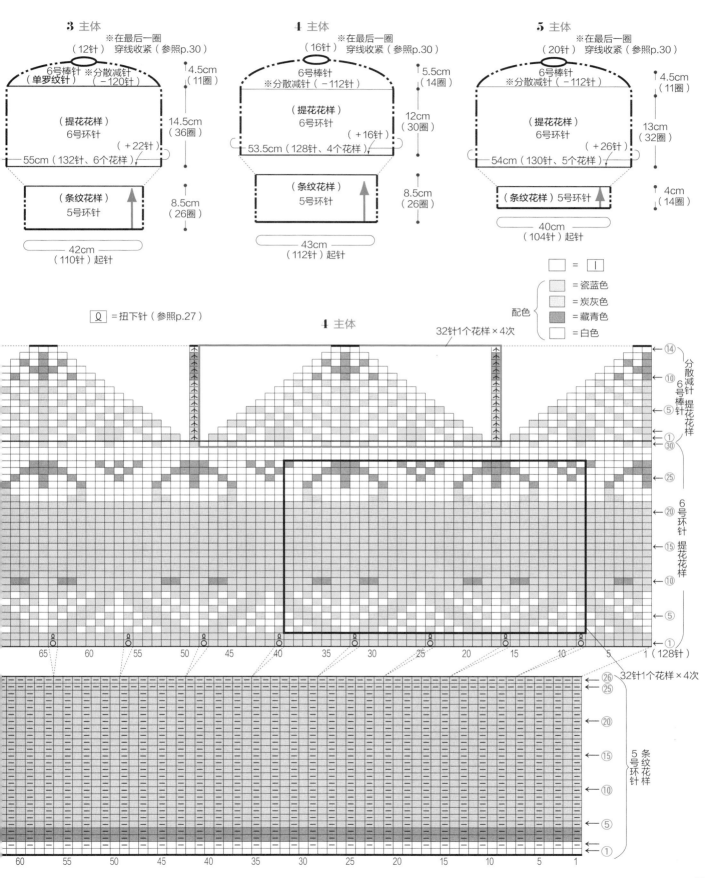

3 主体
※在最后一圈
（12针）穿线收紧（参照p.30）
6号棒针 ※分散减针
（单罗纹针）（－120针）
4.5cm（11圈）
（提花花样）
6号环针
14.5cm（36圈）
（＋22针）
55cm（132针、6个花样）
（条纹花样）
5号环针
8.5cm（26圈）
42cm
（110针）起针

4 主体
※在最后一圈
（16针）穿线收紧（参照p.30）
6号棒针
※分散减针（－112针）
5.5cm（14圈）
（提花花样）
6号环针
12cm（30圈）
（＋16针）
53.5cm（128针、4个花样）
（条纹花样）
5号环针
8.5cm（26圈）
43cm
（112针）起针

5 主体
※在最后一圈
（20针）穿线收紧（参照p.30）
6号棒针
※分散减针（－112针）
4.5cm（11圈）
（提花花样）
6号环针
13cm（32圈）
（＋26针）
54cm（130针、5个花样）
（条纹花样）5号环针
4cm（14圈）
40cm
（104针）起针

配色
□ = ｜
＝瓷蓝色
＝炭灰色
＝藏青色
＝白色

Ｑ = 扭下针（参照p.27）

4 主体

32针1个花样×4次

分散减针 6号棒针 提花花样
←⑭
←⑩
←⑤
←①
←㉚
←㉕
6号环针 提花花样
←⑳
←⑮
←⑩
←⑤
←①

65　60　55　50　45　40　35　30　25　20　15　10　5　1（128针）

32针1个花样×4次
←㉖
←㉕
←⑳
←⑮
←⑩
←⑤
←①
5号环针 条纹花样

60　55　50　45　40　35　30　25　20　15　10　5　1

35

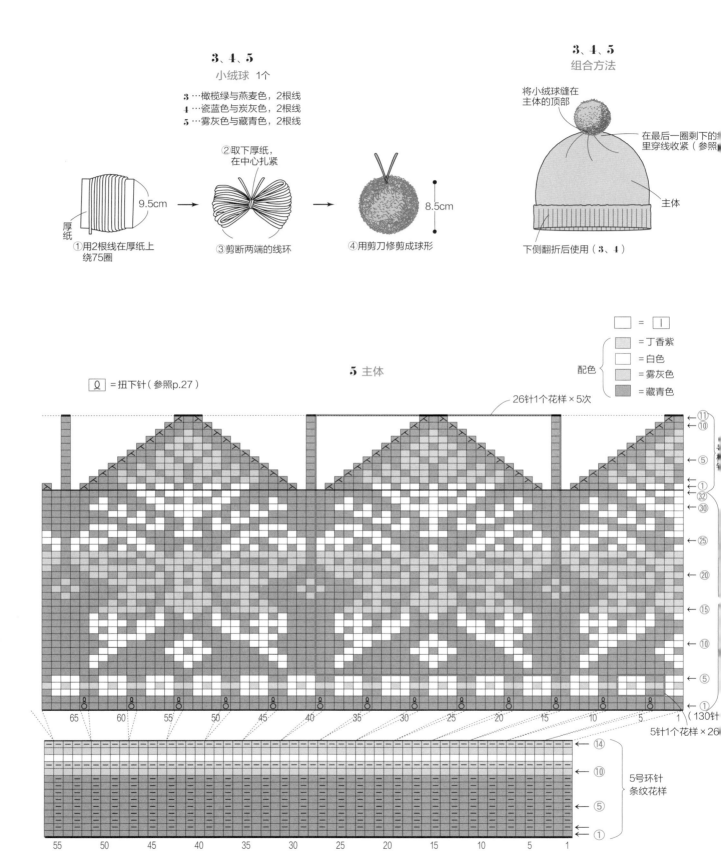

内袋的制作方法（作品17，18，19，22，23，24，25）

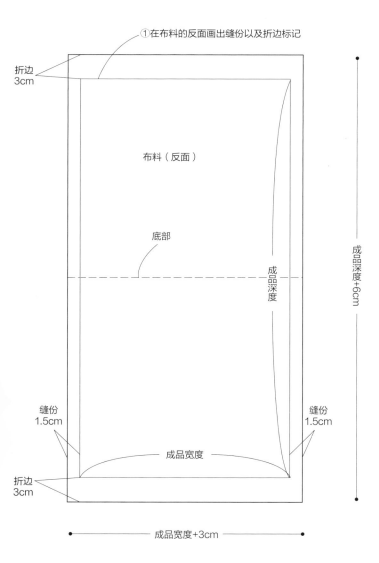

①在布料的反面画出缝份以及折边标记

折边
3cm

布料（反面）

底部

成品深度

成品深度+6cm

缝份
1.5cm

缝份
1.5cm

折边
3cm

成品宽度

成品宽度+3cm

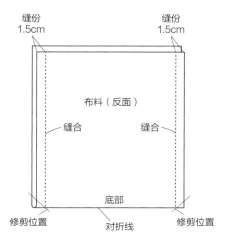

缝份
1.5cm

缝份
1.5cm

布料（反面）

缝合

缝合

底部

修剪位置

对折线

修剪位置

②将布料正面朝内对折，沿着缝份标记缝合两侧
③在底部两侧的缝份上修剪出侧边角

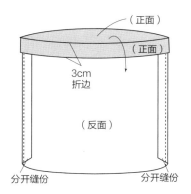

（正面）

（正面）

3cm
折边

（反面）

分开缝份

分开缝份

④将两侧的缝份向左右两边分开
⑤翻折折边部分，熨烫平整

※由于成品尺寸因人而异，请在主体编织完成后根据主体的尺寸准备布料

6、7 围脖

◆ 材料

6 和麻纳卡 Amerry／酒红色（19）…45g，棕色（23）…44g，橄榄绿（38）…40g

7 和麻纳卡 Amerry／青瓷色（37）…76g，海军蓝（17）…46g

◆ 针

6、7 环针（长40cm）6号、5号

◆ 密度（10cm×10cm 面积内）

6、7 提花花样／24针，25行

◆ 成品尺寸

6、7 周长60cm，宽19cm

◆ 编织方法 ※ 除特别指定外，均为6、7通用的编织方法

1 用6号环针手指挂线起144针（参照 p.26）。

2 **6** 按"35圈提花花样、16圈双罗纹针、35圈提花花样、16圈双罗纹针"编织。**7** 按"36圈提花花样、16圈编织花样、36圈提花花样、16圈编织花样"编织。**6、7** 都是用6号环针编织提花花样，用5号环针编织双罗纹针、编织花样。

3 最后编织伏针收针（5号环针）。

4 用蒸汽熨斗将织物熨烫平整，然后对齐编织起点的起针（★）与编织终点的伏针收针（☆）做下针无缝缝合（参照 p.27）。

配色 {
  = 橄榄绿
  = 酒红色
  = 棕色
}

= | |

6 主体

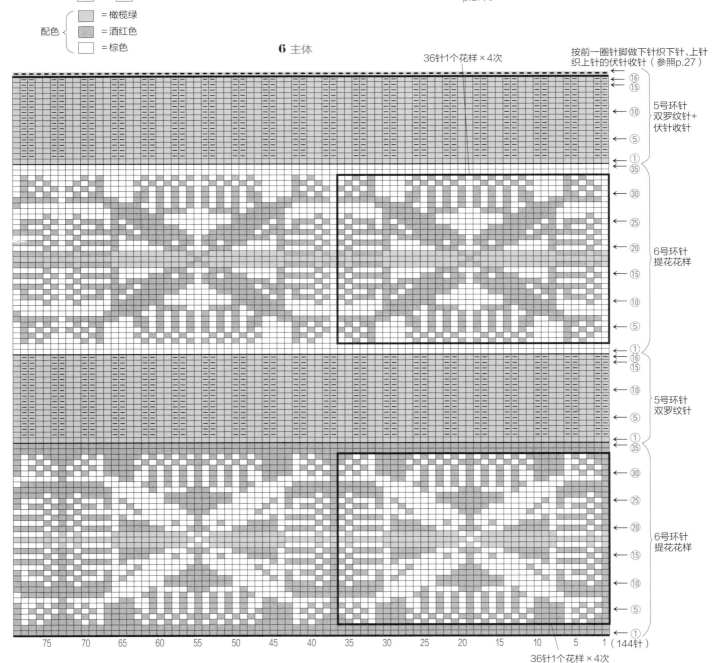

36针1个花样×4次

按前一圈针脚做下针织下针、上针织上针的伏针收针（参照 p.27）

5号环针
双罗纹针+
伏针收针

6号环针
提花花样

5号环针
双罗纹针

6号环针
提花花样

36针1个花样×4次

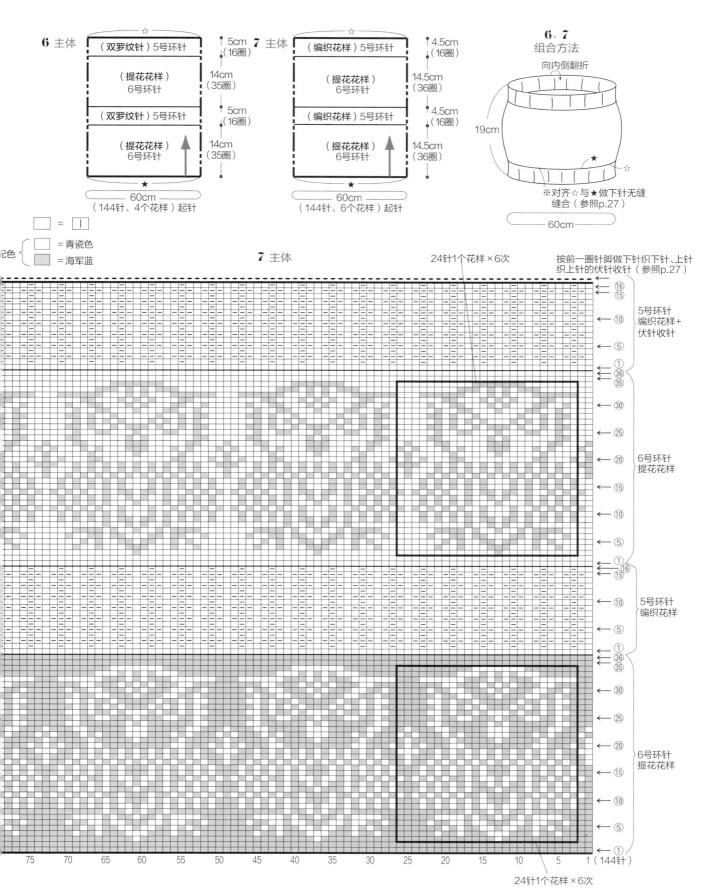

6 主体

（双罗纹针）5号环针 ↕ 5cm（16圈）

（提花花样）6号环针 ↕ 14cm（35圈）

（双罗纹针）5号环针 ↕ 5cm（16圈）

（提花花样）6号环针 ↕ 14cm（35圈）

60cm（144针、4个花样）起针 ★

7 主体

（编织花样）5号环针 ↕ 4.5cm（16圈）

（提花花样）6号环针 ↕ 14.5cm（36圈）

（编织花样）5号环针 ↕ 4.5cm（16圈）

（提花花样）6号环针 ↕ 14.5cm（36圈）

60cm（144针、6个花样）起针 ★

6、7 组合方法

向内侧翻折

19cm

★ ☆

※对齐☆与★做下针无缝缝合（参照p.27）

60cm

□ = I

配色 { □ = 青瓷色 ▨ = 海军蓝 }

7 主体

24针1个花样×6次

按前一圈针脚做下针织下针、上针织上针的伏针收针（参照p.27）

5号环针 编织花样＋伏针收针

6号环针 提花花样

5号环针 编织花样

6号环针 提花花样

（16）（15）（10）（5）（1）（36）（35）（30）（25）（20）（15）（10）（5）（1）（16）（15）（10）（5）（1）（36）（35）（30）（25）（20）（15）（10）（5）（1）

75 70 65 60 55 50 45 40 35 30 25 20 15 10 5 1（144针）

24针1个花样×6次

39

8、9、10 连指手套

图片&重点教程：p.10 & p.29,30,

◆ 材料

8 和麻纳卡 Amerry / 藏青色（53）…32g，白色（20）…
11g，丁香紫（42）…7g，雾灰色（39）…3g

9 和麻纳卡 Amerry / 白色（20）…25g，藏青色（53）…
22g，暗红色（6）…5g

10 和麻纳卡 Amerry / 玉米黄（31）…35g，墨蓝色
（16）…10g，白色（20）…9g，孔雀绿（47）…5g，巧克
力棕（9）…2g

◆ 针

8、9、10 5根棒针6号

◆ 密度（10cm×10cm 面积内）

8、9、10 提花花样／24针，25行

◆ 成品尺寸

8、9 手掌围 21.5cm，长 23.5cm
10 手掌围 21.5cm，长 23cm

◆ 编织方法 ※除特别指定外，均为 8、9、10 通用的编织方法

1 手指挂线起44针，连接成环形。

2 **8、10** 按起伏针条纹花样编织4圈，**9** 按编织花样编
10圈。注意左、右手的编织起点位置不同。

3 接着按提花花样编织（参照p.28）。在第1圈通过挂
针，**8** 编织至第23圈，**9** 编织至第18圈，**10** 编织至第
圈的拇指位置，参照p.29"拇指孔的编织方法"在左棒针
上的9针里穿入另线休针，在拇指位置的上侧编织9针。
就是拇指的挑针位置。注意左、右手的拇指位置不同。
无须加减针，**8、10** 编织至第45圈，**9** 编织至第41圈。

4 接下来一边做指尖部位的减针，一边按提花花样编织，
编织11圈，**9、10** 编织10圈。

5 参照 p.30"收紧线圈的方法"，在最后一圈剩下的线圈
穿线收紧，做好线头处理。

6 编织拇指（参照 p.42）。参照p.29"拇指的挑针方法"
主体的拇指位置挑针编织1圈下针，从第2圈开始无须
针编织13圈单罗纹针，从第14圈开始一边减针一边编织
最后一圈。参照p.30"收紧线圈的方法"，在最后一圈穿
收紧，做好线头处理。

配色

```
□ = ┃
```
= 丁香紫
= 白色
= 雾灰色
= 藏青色

手掌侧　　　**8** 主体　　　手背侧

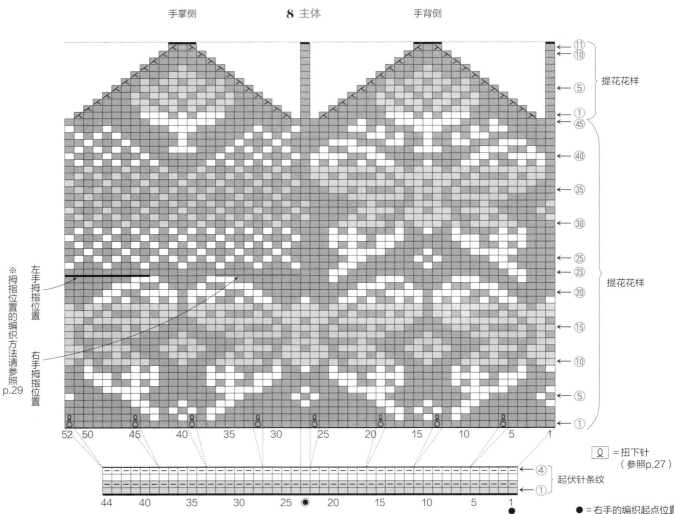

※拇指位置的编织方法请参照p.29

左手拇指位置
右手拇指位置

提花花样

提花花样

起伏针条纹

$\underline{Q}$ = 扭下针
（参照p.27）

● = 右手的编织起点位置
◉ = 左手的编织起点位置

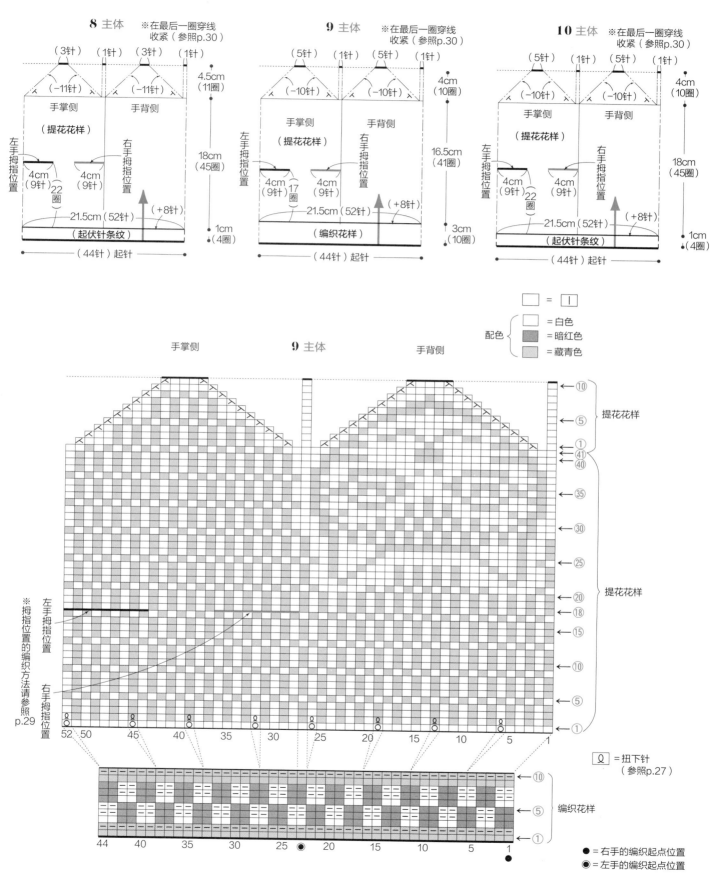

8 主体　※在最后一圈穿线
收紧（参照p.30）

（3针）　（1针）　（3针）　（1针）

4.5cm（11圈）

（−11针）　（−11针）

手掌侧　　手背侧

（提花花样）

左手拇指位置　　右手拇指位置

4cm（9针）　4cm（9针）　22圈

18cm（45圈）

21.5cm（52针）　（+8针）

（起伏针条纹）

1cm（4圈）

（44针）起针

9 主体　※在最后一圈穿线
收紧（参照p.30）

（5针）　（1针）　（5针）　（1针）

4cm（10圈）

（−10针）　（−10针）

手掌侧　　手背侧

（提花花样）

左手拇指位置　　右手拇指位置

4cm（9针）　4cm（9针）　17圈

16.5cm（41圈）

21.5cm（52针）　（+8针）

（编织花样）

3cm（10圈）

（44针）起针

10 主体　※在最后一圈穿线
收紧（参照p.30）

（5针）　（1针）　（5针）　（1针）

4cm（10圈）

（−10针）　（−10针）

手掌侧　　手背侧

（提花花样）

左手拇指位置　　右手拇指位置

4cm（9针）　4cm（9针）　22圈

18cm（45圈）

21.5cm（52针）　（+8针）

（起伏针条纹）

1cm（4圈）

（44针）起针

配色 {
　　□ = 白色
　　■ = 暗红色
　　■ = 藏青色
}

□ = |

手掌侧　　**9 主体**　　手背侧

提花花样

提花花样

※拇指位置的编织方法请参照p.29

左手拇指位置

右手拇指位置

52　50　　45　　40　　35　　30　　25　　20　　15　　10　　5　　1

⑩　⑤　①　⑪　⑩　㉟　㉚　㉕　⑳　⑱　⑮　⑩　⑤　①

Ω = 扭下针（参照p.27）

编织花样

44　40　　35　　30　　25　　20　　15　　10　　5　　1

⑩　⑤　①

● = 右手的编织起点位置
◉ = 左手的编织起点位置

41

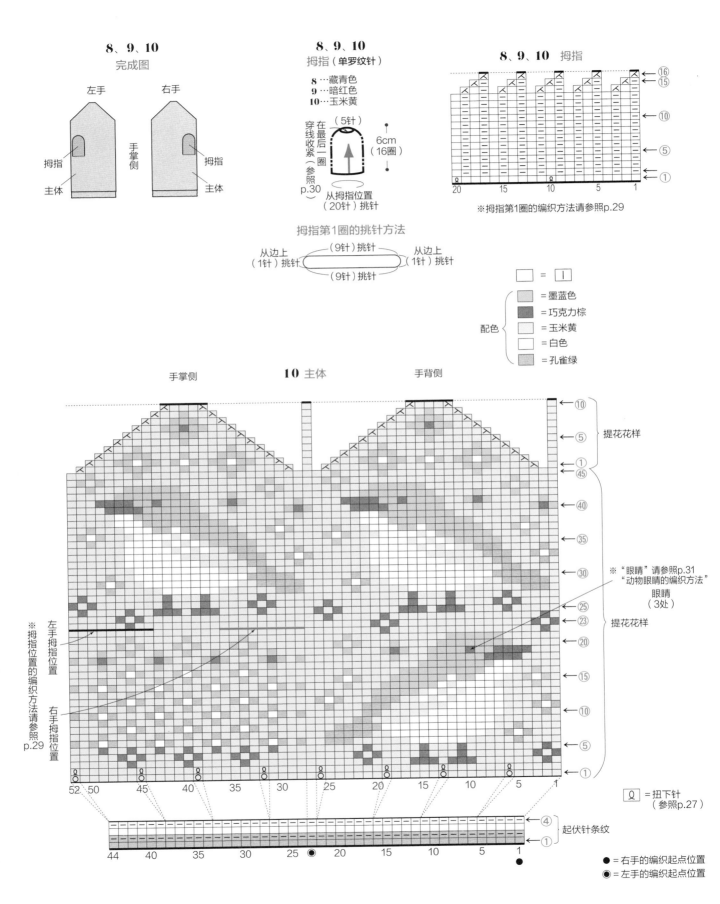

11、12、13、14 围巾

图片&重点教程：p.15 & p.30,31

◆ **材料**

11 和麻纳卡 Amerry／橘黄色（4）…48g，炭灰色（30）…32g，白色（20）…11g，海军蓝（17）…7g，淡黄绿色（48）…5g

12 和麻纳卡 Amerry／藏青色（53）…56g，暗红色（6）…20g，白色（20）…18g，雾灰色（39）…6g

13 和麻纳卡 Amerry／深红色（5）…45g，白色（20）…21g，黑色（24）…16g，森绿色（34）…3g，雾灰色（39）…2g

14 和麻纳卡 Amerry／玉米黄（31）…47g，白色（20）…16g，墨蓝色（16）…10g，孔雀绿（47）…8g，巧克力棕（9）…7g

全部通用 纽扣（直径30mm ※ 贝壳纽扣等）…1颗，纽扣（直径12mm ※ 彩色装饰纽扣）…1颗，垫扣（直径8mm）…1颗

◆ **针**

11、12、13、14 5根棒针6号，钩针6/0号（用于起针）

◆ **密度**（10cm×10cm 面积内）

11、12、13、14 提花花样／24针，25行

◆ **成品尺寸**

11 宽12.5cm，长71cm
12 宽12.5cm，长69.5cm
13 宽12.5cm，长68.5cm
14 宽12.5cm，长70cm

◆ **编织方法** ※ 除特别指定外，均为 **11、12、13、14** 通用的编织方法

1 编织主体的中间部分。参照 p.26 另线锁针起60针，连接成环形。按提花花样编织（参照p.28）。**11** 编织146 圈，**12** 编织142 圈，**13** 编织140 圈，**14** 编织144 圈。在最后2 圈一边编织一边留出扣眼。**11、13、14**"脸部的眼睛"与其他作品中的编织方法不同，请参照 p.31 编织。

2 接着编织主体的上端。按"1圈的提花花样，2圈的双色横向辫子针（参照p.30, 31），17圈的编织花样"编织。参照 p.30 "收紧线圈的方法"，在最后一圈穿线收紧，做好线头处理。

3 编织主体的下端。解开主体中间部分编织起点的另线锁针，将线圈移至4根棒针上（参照p.26）。接着在第1圈减针编织2圈后，再编织2圈的双色横向辫子针（参照p.30, 31）和17圈的编织花样。在最后一圈穿线收紧，做好线头处理。

4 在缝纽扣的位置，将12mm 的纽扣重叠在30mm 的纽扣上，反面加1颗垫扣，一起缝好。

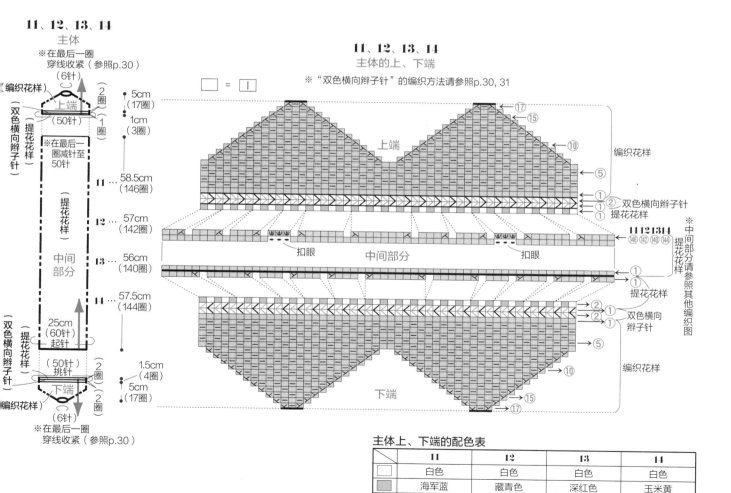

主体上、下端的配色表

	11	12	13	14
□白色	白色	白色	白色	白色
▨	海军蓝	藏青色	深红色	玉米黄
▦	橘黄色	藏青色	深红色	玉米黄

11 主体的中间部分

扣眼的编织方法

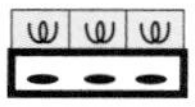

编织3针伏针，下一圈参照p.29
"拇指孔的编织方法"的步骤②~⑤，
用相同方法在扣眼的上侧做3针起针

※"眼睛"的编织方法请参照p.31
"动物眼睛的编织方法"

眼睛
（10处）

= $|$

配色 {
= 淡黄绿色
= 海军蓝
= 白色
= 炭灰色
= 橘黄色
}

背面　　　　　　正面

146
145
140
135
130
125
120
115
110
105
100
95
90
85
80
75
70
65
60
55
50
45
40
35
30
25
20
15
10
5
1

60　55　50　45　40　35　30　25　20　15　10　5　1

缝纽扣的位置

44

12 主体的中间部分

背面　　　　　　　　　　　　正面

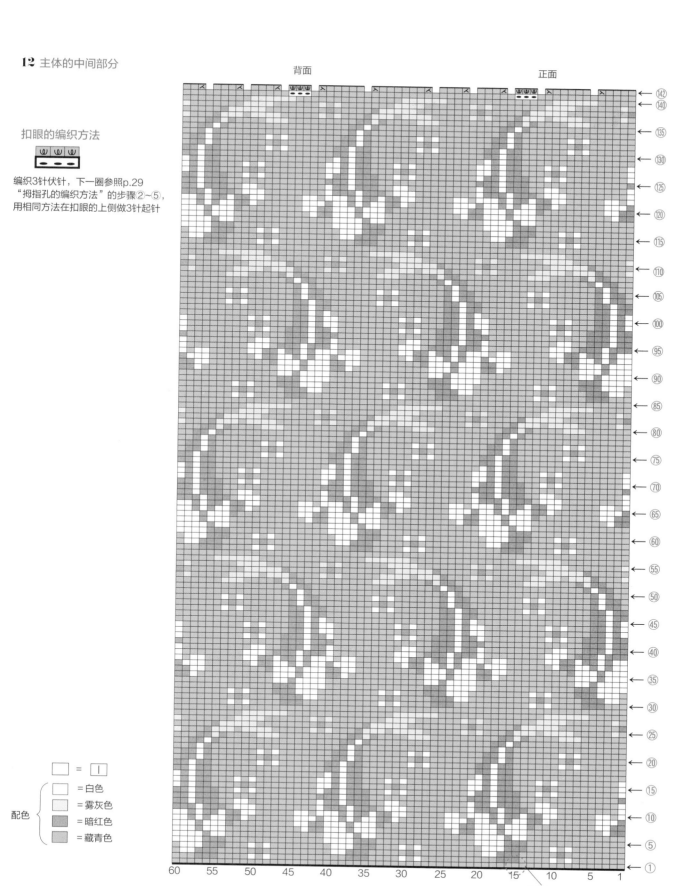

扣眼的编织方法

编织3针伏针，下一圈参照p.29
"拇指孔的编织方法"的步骤②~⑤,
用相同方法在扣眼的上侧做3针起针

配色 {
= □ ＝ 白色
= 雾灰色
= 暗红色
= 藏青色
}

＝ | |

缝纽扣的位置

45

扣眼的编织方法

编织3针伏针，下一圈参照p.29
"拇指孔的编织方法"的步骤②～⑤，
用相同方法在扣眼的上侧做3针起针

※"眼睛"的编织方法请参照p.31
"动物眼睛的编织方法"

眼睛
（24处）

配色
= 森绿色
= 黑色
= 白色
= 雾灰色
= 深红色

缝纽扣的位置

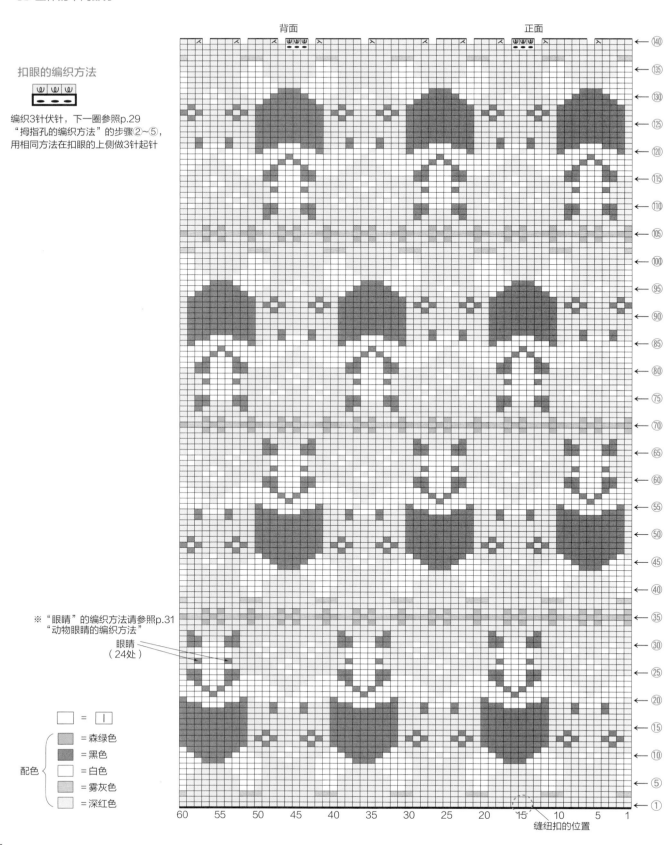

背面　　　　　　　　　　　　　正面

扣眼的编织方法

编织3针伏针，下一圈参照p.29
"拇指孔的编织方法"的步骤②～⑤，
用相同方法在扣眼的上侧做3针起针

※"眼睛"的编织方法请参照p.31
"动物眼睛的编织方法"

眼睛
（18处）

☐ = ☐

配色 {
⬜ =墨蓝色
⬛ =孔雀绿
☐ =白色
⬜ =巧克力棕
☐ =玉米黄
}

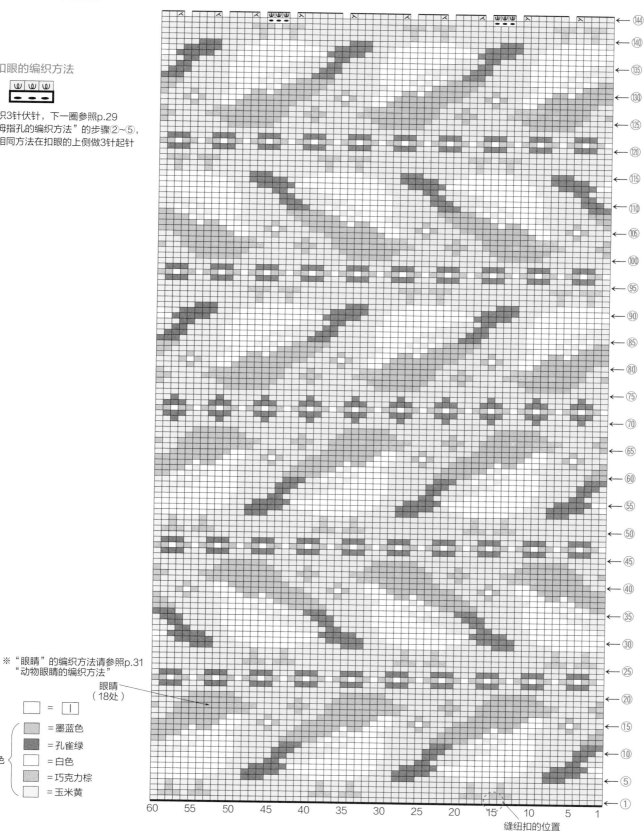

缝纽扣的位置

15、16 护腕&护腿

图片：p.16

◆ 材料

15 和麻纳卡 Amerry / 炭灰色（30）…29g，白色（20）…25g，藏青色（53）…18g，灰黄色（1）…7g，暗红色（6）…5g

16 和麻纳卡 Amerry / 炭灰色（30）…48g，白色（20）…39g，藏青色（53）…34g，灰黄色（1）…8g，暗红色（6）…5g

◆ 针

15 5根棒针5号

16 5根棒针6号、5号

◆ 密度（10cm×10cm 面积内）

15 提花花样 / 25.5针，29行

16 参照图示

◆ 成品尺寸

15 周长25cm，长25cm

16 周长33cm，长36.5cm

◆ **16** 的编织方法

1 用5号针手指挂线起70针，连接成环形。
2 按单罗纹针条纹花样编织7圈。接着按提花花样编织（参照p.28）。在第1圈通过挂针加针，用5号针编织29圈，然后用6号针编织42圈。为了贴合腿肚子的形状，越往上编织得越宽松。
3 换成5号针，在第1圈减针，按单罗纹针条纹花样编织23圈。编织结束时做伏针收针（参照p.27）。

◆ **15** 的编织方法

1 手指挂线起56针，连接成环形。
2 按单罗纹针条纹花样编织7圈。注意左、右手的编织点位置不同。接着按提花花样编织（参照p.28）。在第1圈通过挂针加针，编织至第43圈。
3 编织至第44圈的拇指位置后，参照p.29"拇指孔的编织方法"，在左棒针上的9针里穿入另线休针，在拇指位置的上侧编织9针。这就是拇指的挑针位置。注意左、右手的拇指位置不同。接着无须加减针编织至第57圈。
4 按单罗纹针条纹花样编织8圈，在第1圈减针。编织结束时做伏针收针（参照p.27）。
5 编织拇指。参照p.29"拇指的挑针方法"，从主体的拇指位置挑针编织1圈下针。从第2圈开始，无须加减针编织单罗纹针至第9圈。编织结束时做伏针收针（参照p.27）。

16 主体

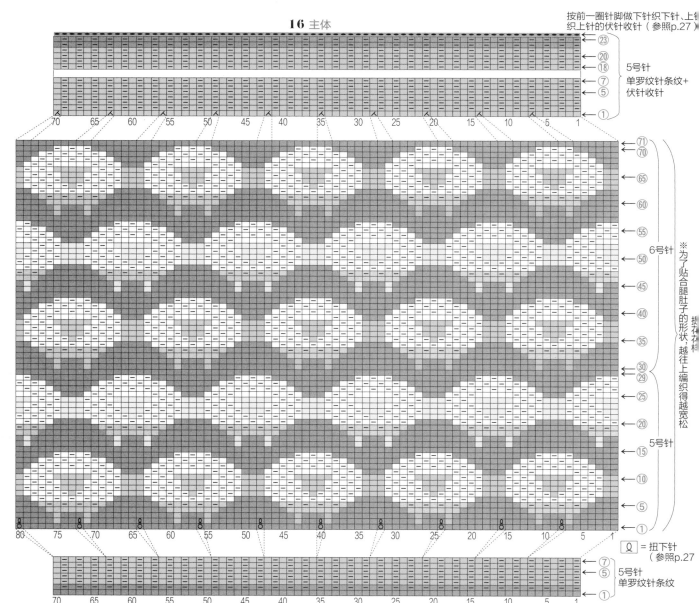

按前一圈针脚做下针织下针、上针织上针的伏针收针（参照p.27）

23 20 18 7 5 1　5号针　单罗纹针条纹+伏针收针

71 70 65 60 55 50 45 40 35 30 29 25 20 15 10 5 1

6号针

5号针

※为了贴合腿肚子的形状，越往上编织得越宽松

70 65 60 55 50 45 40 35 30 25 20 15 10 5 1

提花花样

Q = 扭下针（参照p.27）

7 5 1　5号针　单罗纹针条纹

70 65 60 55 50 45 40 35 30 25 20 15 10 5 1

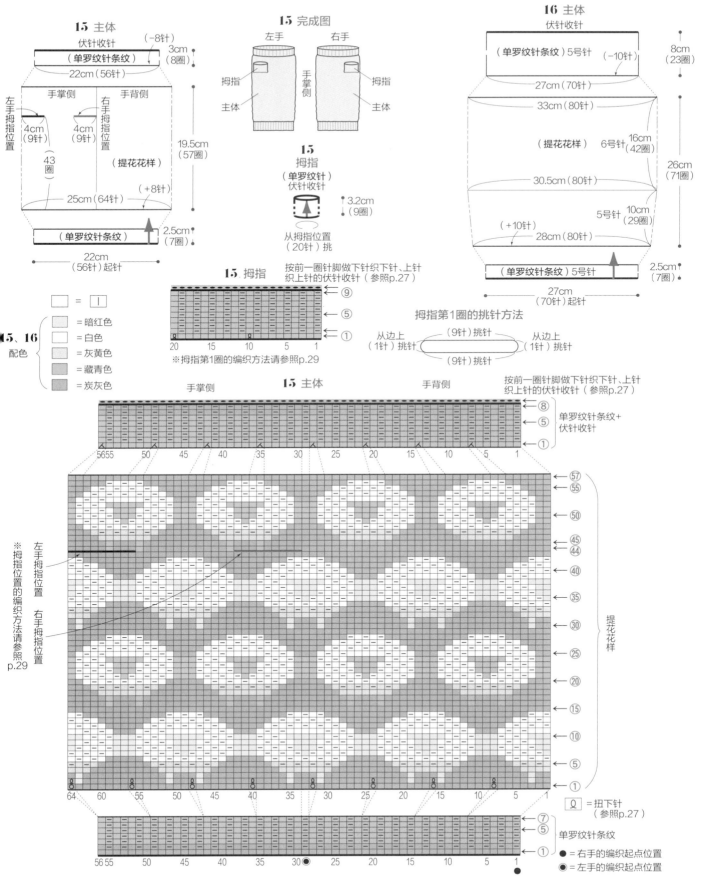

15 主体

伏针收针

（单罗纹针条纹） 3cm（8圈）

22cm（56针）

手掌侧　　　右手掌侧　手背侧

左手拇指位置

4cm（9针）　4cm（9针）　右手拇指位置

（43圈）

（提花花样） 19.5cm（57圈）

25cm（64针） （+8针）

（单罗纹针条纹） 2.5cm（7圈）

22cm（56针）起针

15 完成图

左手　　　右手

拇指　　　　　　　拇指

手掌侧

主体　　　　　　　主体

15 拇指

（单罗纹针）
伏针收针

→ 3.2cm（9圈）

从拇指位置（20针）挑

16 主体

伏针收针

（单罗纹针条纹）5号针 （−10针） 8cm（23圈）

27cm（70针）

33cm（80针）

（提花花样）　6号针 16cm（42圈）

30.5cm（80针）

5号针 10cm（29圈）

（+10针）

28cm（80针）

（单罗纹针条纹）5号针 2.5cm（7圈）

27cm（70针）起针

15 拇指　按前一圈针脚做下针织下针、上针织上针的伏针收针（参照p.27）

→ ⑨
→ ⑤
→ ①

20　15　10　5　1

※拇指第1圈的编织方法请参照p.29

拇指第1圈的挑针方法

从边上（1针）挑针　（9针）挑针　从边上（1针）挑针

（9针）挑针

= I

15、16 配色
= 暗红色
= 白色
= 灰黄色
= 藏青色
= 炭灰色

15 主体

手掌侧　　　　　　　　　　　　手背侧　　按前一圈针脚做下针织下针、上针织上针的伏针收针（参照p.27）

→ ⑧
→ ⑤ 单罗纹针条纹+伏针收针
→ ①

56 55　50　45　40　35　30　25　20　15　10　5　1

→ 57
→ 55
→ 50
→ 45
→ 44
→ 40
→ 35
→ 30
→ 25
→ 20
→ 15
→ 10
→ 5
→ 1

提花花样

※拇指位置的编织方法请参照p.29

左手拇指位置　右手拇指位置

64　60　55　50　45　40　35　30　25　20　15　10　5　1

Q = 扭下针（参照p.27）

→ ⑦
→ ⑤ 单罗纹针条纹
→ ①

56 55　50　45　40　35　30●　25　20　15　10　5　1

● = 右手的编织起点位置
◉ = 左手的编织起点位置

49

17、18、19 单肩包

图片：p.1

◆ **材料**

17 和麻纳卡 Amerry / 孔雀绿（47）…25g，灰黄色（1）…23g，嫩绿色（33）、白色（20）…各12g；INAZUMA 合成皮革提手（YAS-6091）约60cm / 米色（#4）…1组

18 和麻纳卡 Amerry / 海军蓝（17）…22g，薄荷蓝（45）…20g，墨蓝色（16）…19g，草绿色（13）…7g，柠檬黄（25）…3g；INAZUMA 亚克力带状提手（YAT-1410）约140cm / 焦茶色（#870）…1组；配件（BA-27）约5.5cm×2.2cm / 焦茶色（#870）…2个；手缝线…适量

19 和麻纳卡 Amerry / 青绿色（12）…28g，白色（20）…21g，土黄色（41）…19g，灰黄色（1）…8g，肉桂色（50）…3g；INAZUMA 合成皮革提手（YAS-6091）约60cm / 浅象牙白（#103）…1组

全部通用 棉布或麻布（内袋用）/（成品宽度 +3cm）×（成品深度 +6cm）

◆ **针**

17、18、19 环针（长40cm）6号

◆ **密度**（10cm×10cm 面积内）

17、18、19 提花花样 / 24针，25行

◆ **成品尺寸**

17 宽25cm，深24.5cm
18 宽25cm，深25.5cm
19 宽25cm，深25cm

◆ **编织方法** ※ 除特别指定外，均为 **17、18、19** 通用的编织方法

1 用环针手指挂线起120针（参照p.26）。
2 按提花花样编织（参照p.28）。**17** 编织61圈，**18** 编织63圈，**19** 编织62圈。
3 接着编织1圈上针和3圈平针。编织结束时做伏针收针。
4 用熨斗将织物熨烫平整，将编织起点的起针★与☆做针无缝缝合（参照p.27）。将包口的折边部分向内侧翻折，挑取半针缝合，注意针脚不要露出正面。
5 参照p.37 制作内袋。
6 参照组合方法，组合各个部件。

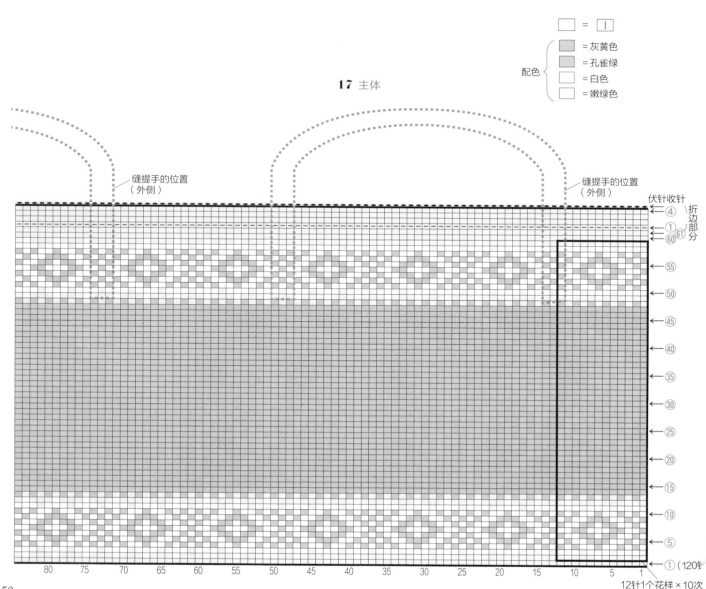

17 主体

50

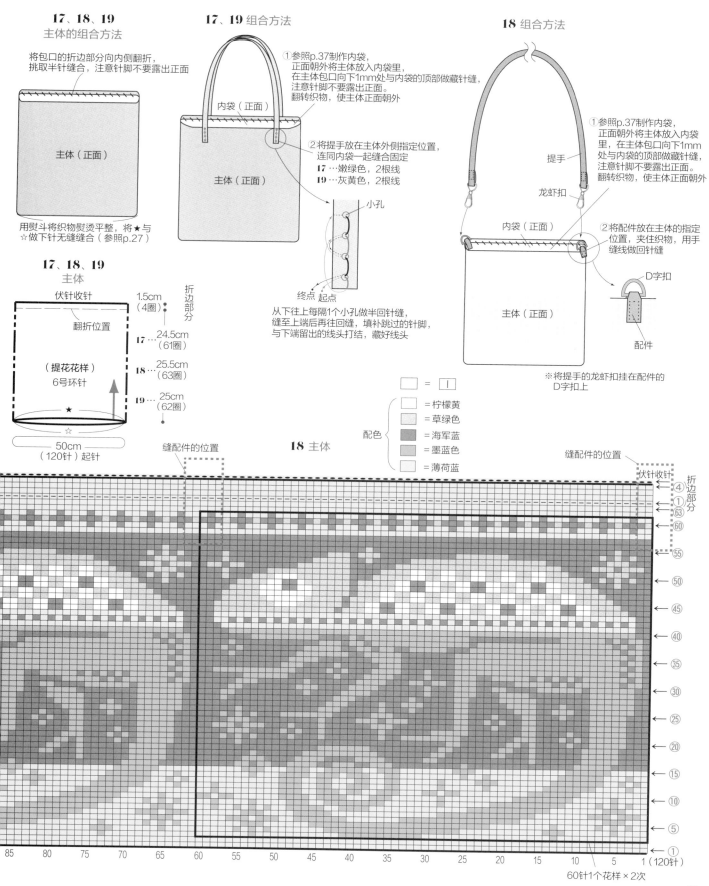

17、18、19
主体的组合方法

将包口的折边部分向内侧翻折，挑取半针缝合，注意针脚不要露出正面

主体（正面）

用熨斗将织物熨烫平整，将★与☆做下针无缝缝合（参照p.27）

17、19 组合方法

内袋（正面）

主体（正面）

① 参照p.37制作内袋，正面朝外将主体放入内袋里，在主体包口向下1mm处与内袋的顶部做藏针缝，注意针脚不要露出正面。翻转织物，使主体正面朝外

② 将提手放在主体外侧指定位置，连同内袋一起缝合固定
17…嫩绿色，2根线
19…灰黄色，2根线

小孔
终点 起点

从下往上每隔1个小孔做半回针缝，缝至上端后再往回缝，填补跳过的针脚，与下端留出的线头打结，藏好线头

18 组合方法

提手
龙虾扣
内袋（正面）

① 参照p.37制作内袋，正面朝外将主体放入内袋里，在主体包口向下1mm处与内袋的顶部做藏针缝，注意针脚不要露出正面。翻转织物，使主体正面朝外

② 将配件放在主体的指定位置，夹住织物，用手缝线做回针缝

主体（正面）

D字扣
配件

※将提手的龙虾扣挂在配件的D字扣上

17、18、19
主体

伏针收针
翻折位置
（提花花样）
6号环针
1.5cm（4圈）
折边部分
17…24.5cm（61圈）
18…25.5cm（63圈）
19…25cm（62圈）
★
☆
50cm（120针）起针

□ = │

配色
□ =柠檬黄
□ =草绿色
■ =海军蓝
■ =墨蓝色
□ =薄荷蓝

18 主体

缝配件的位置
伏针收针
折边部分
④ ① 63 60 55 50 45 40 35 30 25 20 15 10 5 1

85 80 75 70 65 60 55 50 45 40 35 30 25 20 15 10 5 1（120针）

60针1个花样×2次

51

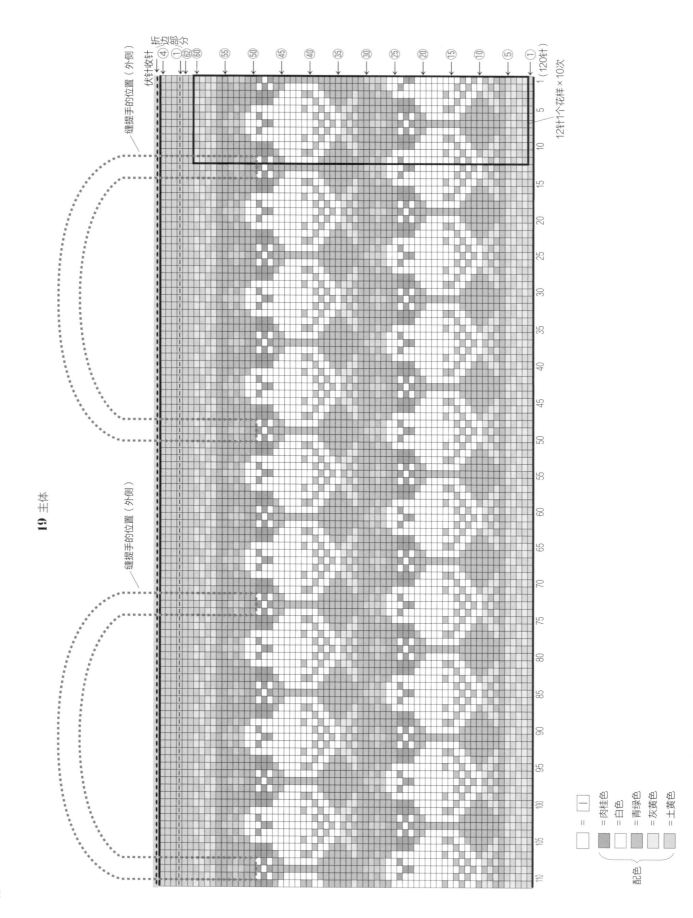

19 主体

缝提手的位置（外侧）

缝提手的位置（外侧）

伏针收针

④
①
⑥
⑥

折边
部分

1（120针）

12针1个花样×10次

□ = □ =肉桂色
□ =白色
■ =青绿色
■ =灰黄色
□ =土黄色

配色

22、23 带尾巴的手提包

材料

22 和麻纳卡 Amerry / 灰黄色（1）…33g，黑色（24）…
2g，巧克力棕（9）…13g；INAZUMA 合成皮革提手
（YAS-4891）约48cm / 焦茶色（#870）…1组

23 和麻纳卡 Amerry / 肉桂色（50）…39g，芥末黄
（3）…27g，巧克力棕（9）…6g；INAZUMA 合成皮革提
手（YAS-4891）约48cm / 茶色（#540）…1组

全部通用 棉布或麻布（内袋用）/（成品宽度 +3cm）
×（成品深度 +6cm），宽4.5cm 的厚纸…1张

◆针

22、23 2根棒针 6号，环针（长40cm）6
号

◆密度（10cm×10cm 面积内）

22、23 提花花样 / 24针，25行

◆成品尺寸

22、23 宽23cm，深29.5cm

◆编织方法 ※除特别指定外，均为 **22、23** 通用的编织方法

1 用环针手指挂线起 110 针（参照 p.26）。

2 按提花花样（参照 p.28）编织 67 圈。

3 接着按条纹花样编织 11 圈，在第 1 圈减针。编织结束时
做伏针收针。

4 用熨斗将织物熨烫平整，将编织起点的起针★与☆做下
针无缝缝合（参照 p.27）。将包口的折边部分向内侧翻折，
挑取半针缝合，注意针脚不要露出正面。

5 尾巴用 2 根棒针手指挂线起 55 针，往返编织 5 行平针。
结束时编织 1 行上针的伏针收针（参照 p.27）。使用时，将
织物的反面用作正面。

6 尾巴扣环用 2 根棒针手指挂线起 15 针，编织 1 行伏针收
针（参照 p.27）。

7 参照 p.37 制作内袋。

8 参照图示制作尾巴末端的流苏。参照组合方法，组合各
个部件。

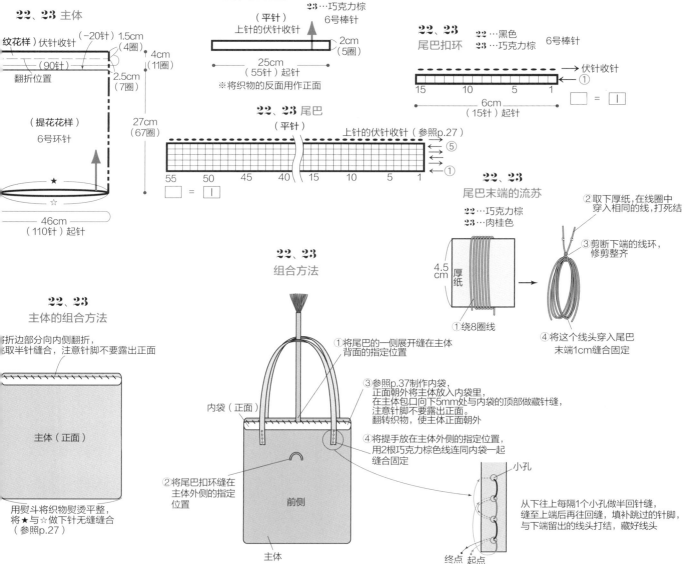

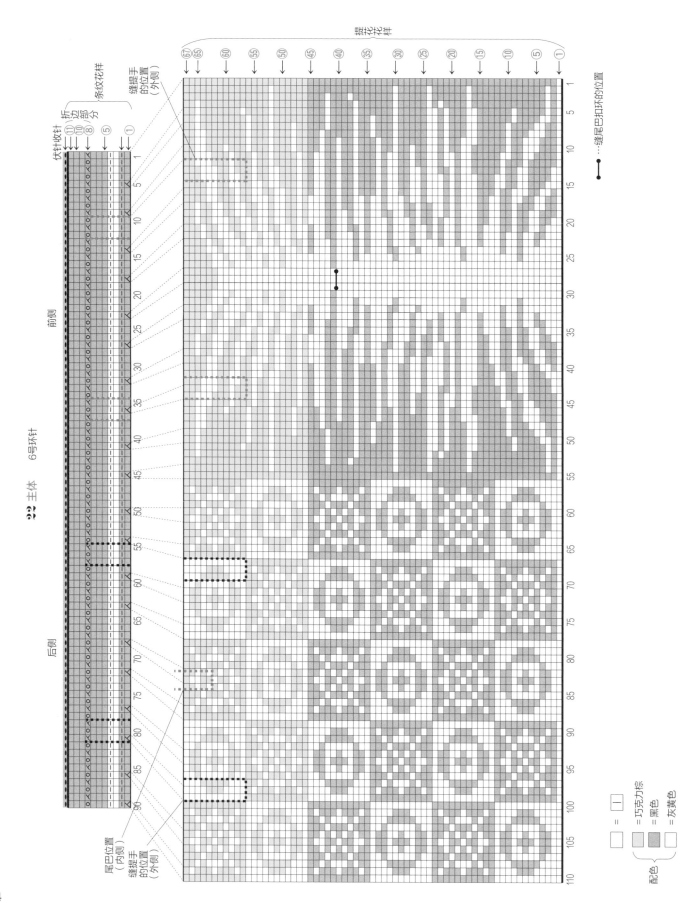

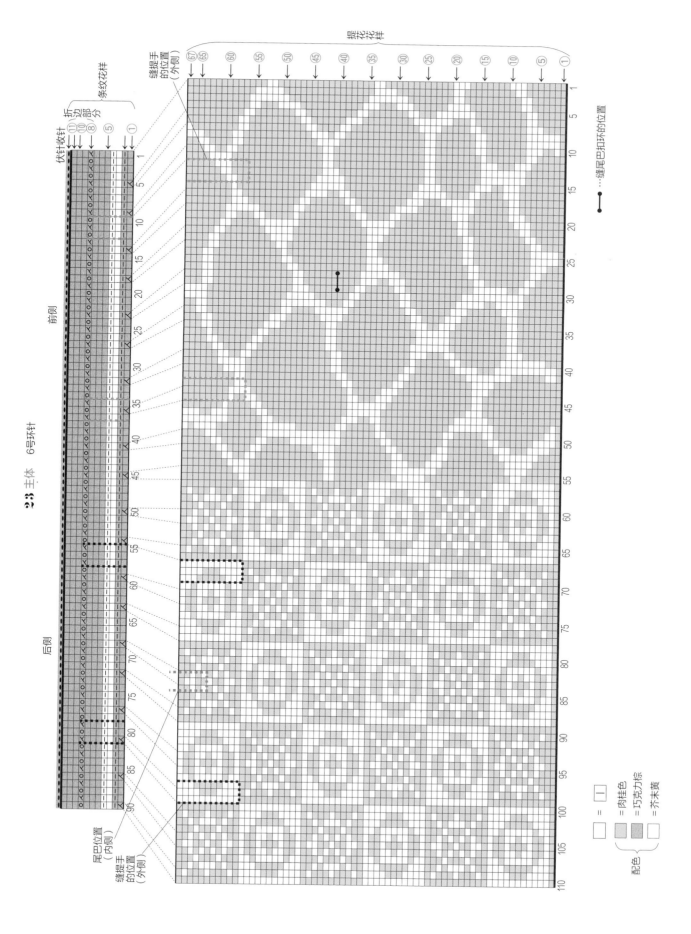

23 主体 6号环针

提花花样

缝提手的位置（外侧）

伏针收针

折边部分
⑪ ⑩ ⑧ ⑤ ① 条纹花样

前侧

后侧

尾巴位置（内侧）
缝提手的位置（外侧）

······缝尾巴扣环的位置

= □

配色 { = 肉桂色
= 巧克力棕
= 芥末黄

20、21 亲子帽

图片：p.20

◆ 材料
20 和麻纳卡 Amerry／白色(20)…37g, 暗红色(6)…
29g; 黑色线(用于脸部的刺绣)…少量; 宽8cm的厚纸…
1张
21 和麻纳卡 Amerry／炭灰色(30)…36g, 白色(20)…
35g

◆ 针
20、21 5根棒针6号、5号, 环针(长40cm)6号、5号

◆ 密度(10cm×10cm 面积内)
20、21 提花花样／24针, 25行

◆ 成品尺寸
20 头围50cm, 深23.5cm(含折边)
21 头围55cm, 深26.5cm(含折边)

◆ **20** 的编织方法
1 用5号环针手指挂线起96针(参照
p.26)。按条纹花样编织27圈。
2 换成6号环针, 接着按提花花样编织(参
照p.28)。在第1圈通过挂针加针, 编织
29圈。
3 换成6号棒针, 一边分散减针一边编织
11圈提花花样和平针。
4 参照p.30"收紧线圈的方法", 在最后
一圈剩下的线圈里穿线收紧, 做好线头
处理。
5 参照图示制作小刺猬的脸部和小绒球,
参照组合方法组合后缝在帽顶。

◆ **21** 的编织方法
1 用5号环针手指挂线起108针(参照p.26)。按条纹花样
编织27圈。
2 换成6号环针, 接着按提花花样编织(参照p.28)。在第
1圈通过挂针加针, 编织35圈。注意中途在第7圈加1针,
在第31圈减1针。
3 换成6号棒针, 一边分散减针一边编织10圈平针。换成
5号棒针, 编织第11、12圈。
4 装饰部分参照图示编织7圈平针, 在第1圈减针。参照
p.30"收紧线圈的方法", 在最后一圈剩下的线圈里穿线收
紧, 做好线头处理。

21 完成图

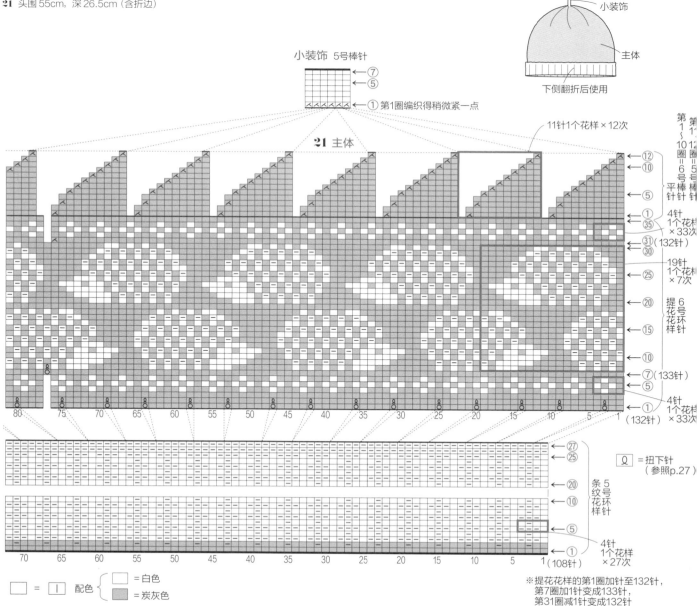

※提花花样的第1圈加针至132针,
第7圈加1针变成133针,
第31圈减1针变成132针

Q = 扭下针
(参照p.27)

□ = | 配色 { □ =白色 ▨ =炭灰色

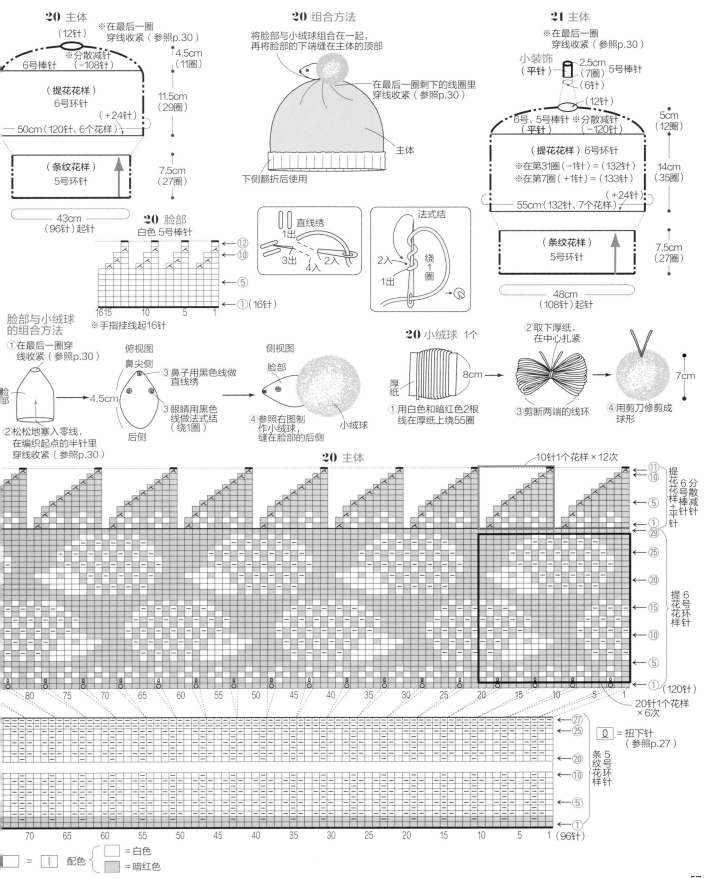

24、25 束口袋

◆ **材料**

24 和麻纳卡 Amerry／绿色（14）…21g，灰黄色（1）…16g，海军蓝（17）…14g，瓷蓝色（29）…12g；宽5cm 的厚纸…1张

25 和麻纳卡 Amerry／土黄色（41）…22g，橄榄绿（38）…13g，炭灰色（30）…11g，瓷蓝色（29）…10g；宽6cm 的厚纸…1张

全部通用 棉布或麻布（内袋用）／（成品宽度+3cm）×（成品深度+6cm）

◆ **针**

24、25 5根棒针6号

◆ **密度**（10cm×10cm 面积内）

24、25 提花花样／24针，25行

◆ **成品尺寸**

24、25 宽20cm，深19cm

◆ **编织方法** ※除特别指定外，均为 **24、25** 通用的编织方法

1 主体手指挂线起96针，连接成环形。

2 按提花花样（参照p.28）编织48圈，中途留出穿绳孔。编织结束时做伏针收针。

3 用熨斗将织物熨烫平整，将编织起点的起针★与☆做下针无缝缝合（参照p.27）。

4 绳子手指挂线起100针，往返编织2行平针。编织结束时做上针的伏针收针（参照p.27）。使用时，将织物的反面用作正面。

5 参照p.37制作内袋。

6 参照图示，**24** 制作小绒球，**25** 制作流苏。参照组合方法组合各个部件。注意在缝合内袋前穿好绳子。

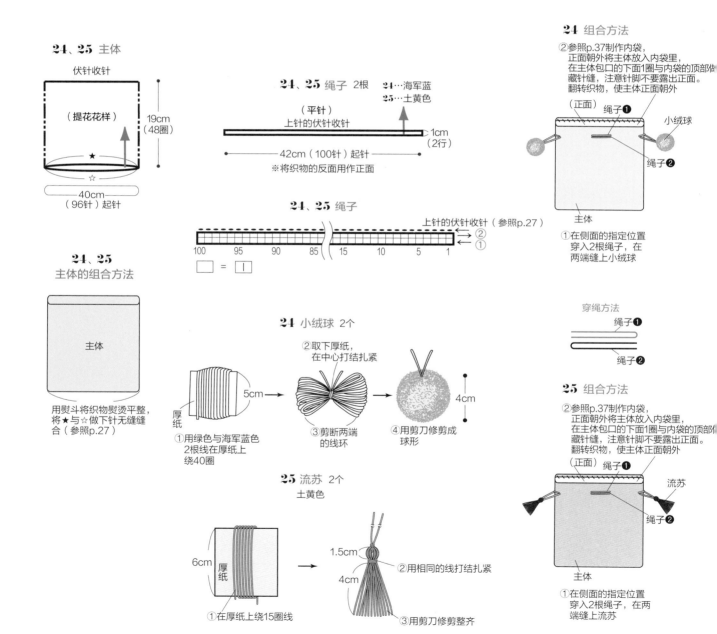

24、25 主体

伏针收针

（提花花样）

19cm（48圈）

★ ☆

40cm（96针）起针

24、25 主体的组合方法

主体

用熨斗将织物熨烫平整，将★与☆做下针无缝缝合（参照p.27）

24、25 绳子 2根 **24**…海军蓝 **25**…土黄色

（平针）上针的伏针收针

42cm（100针）起针 1cm（2行）

※将织物的反面用作正面

24、25 绳子

上针的伏针收针（参照p.27）②①

100 95 90 85 15 10 5 1

□ = |

24 小绒球 2个

厚纸

①用绿色与海军蓝色2根线在厚纸上绕40圈

5cm

②取下厚纸，在中心打结扎紧

③剪断两端的线环

④用剪刀修剪成球形 4cm

25 流苏 2个 土黄色

6cm 厚纸

①在厚纸上绕15圈线

1.5cm

4cm

②用相同的线打结扎紧

③用剪刀修剪整齐

24 组合方法

②参照p.37制作内袋，正面朝外将主体放入内袋里，在主体包口的下面1圈与内袋的顶部做藏针缝，注意针脚不要露出正面。翻转织物，使主体正面朝外

（正面） 绳子❶ 小绒球 绳子❷ 主体

①在侧面的指定位置穿入2根绳子，在两端缝上小绒球

穿绳方法

绳子❶

绳子❷

25 组合方法

②参照p.37制作内袋，正面朝外将主体放入内袋里，在主体包口的下面1圈与内袋的顶部做藏针缝，注意针脚不要露出正面。翻转织物，使主体正面朝外

（正面） 绳子❶ 流苏 绳子❷ 主体

①在侧面的指定位置穿入2根绳子，在两端缝上流苏

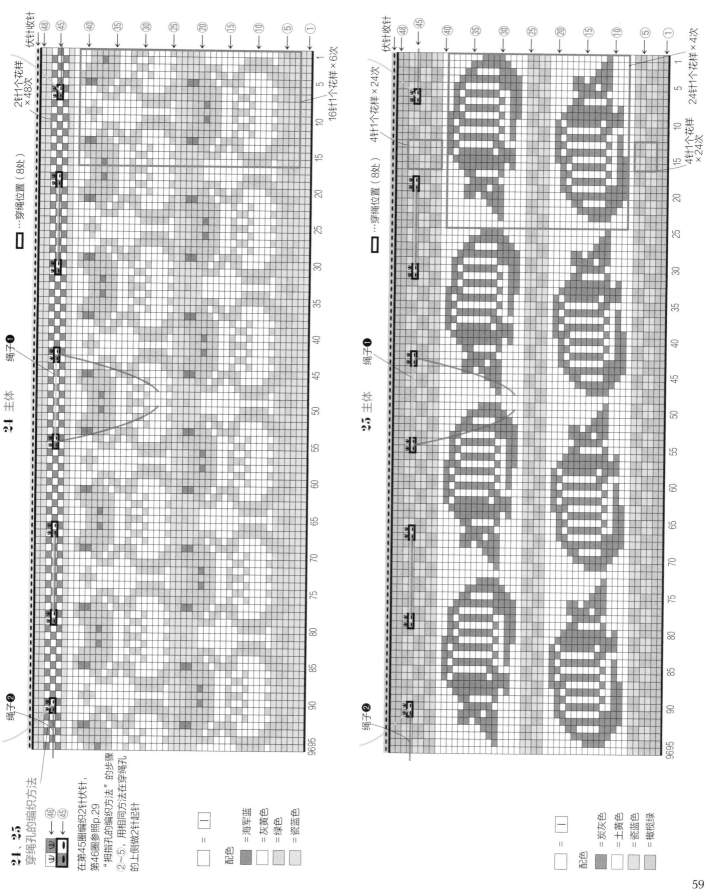

24、25

穿绳孔的编织方法

SI SI ←46
• • • ←45

在第45圈编织2针伏针,
第46圈参照p.29
"拇指孔的编织方法"的步骤
②~⑤,用相同方法在穿绳孔
的上侧做2针起针

穿绳位置（8处）

□…穿绳位置（8处）

24 主体

绳子❶

绳子❷

25 主体

绳子❶

绳子❷

2针1个花样
×48次

16针1个花样×6次

24针1个花样×4次

4针1个花样×24次

4针1个花样
×24次

伏针收针

24针1个花样×4次

□ = │

配色
■ =海军蓝
□ =灰黄色
▨ =绿色
▦ =瓷蓝色

□ = │

配色
■ =炭灰色
□ =土黄色
▨ =瓷蓝色
▦ =橄榄绿

◆ 材料

26 和麻纳卡 Amerry F（粗）／乳黄色（502）、海军蓝（514）…各3g，森绿色（518）…2g

27 和麻纳卡 Amerry F（粗）／白色（501）…4g，明黄色（503）…3g，深灰色（526）…2g

28 和麻纳卡 Amerry F（粗）／朱砂橘（507）…3g，白色（501）、棕色（519）…各2g

29 和麻纳卡 Amerry F（粗）／海军蓝（514）、鹦鹉绿（516）…各3g，桃粉色（504）…2g

◆ 针

26、27、28、29 5根棒针2号

◆ 密度（10cm×10cm 面积内）

26、27、28、29 提花花样／32.5针，36.5行

◆ 成品尺寸

26、27、28、29 周长21cm，高7.6cm

◆ 编织方法 ※除特别指定外，均为 **26、27、28、29** 通用的编织方法

1 手指挂线起60针，连接成环形。

2 按编织花样编织6圈。接着按提花花样编织（参照 p.28）。在第1圈通过挂针加针，编织11圈。第12圈用相同方法通过挂针加针，编织3圈。再按编织花样编织6圈。编织结束时做伏针收针（参照 p.27）。

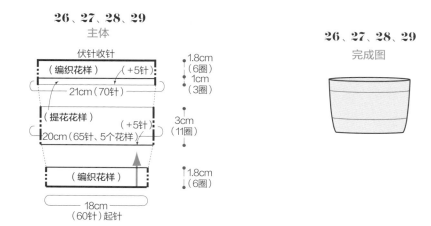

26、27、28、29
主体

26、27、28、29
完成图

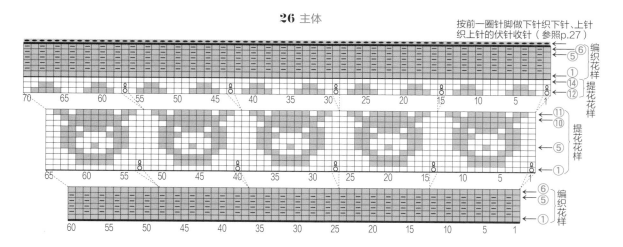

26 主体

Ω =扭下针
（参照 p.27）

□ = | |

配色 {
□ =乳黄色
■ =森绿色
■ =海军蓝
}

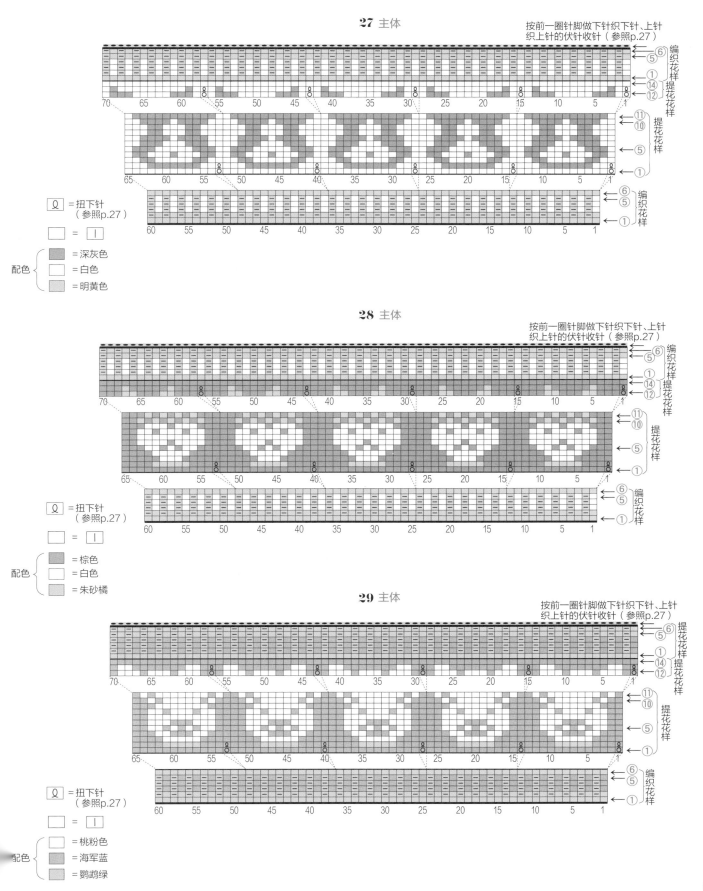

27 主体

按前一圈针脚做下针织下针、上针
织上针的伏针收针（参照p.27）

28 主体

按前一圈针脚做下针织下针、上针
织上针的伏针收针（参照p.27）

29 主体

按前一圈针脚做下针织下针、上针
织上针的伏针收针（参照p.27）

Q = 扭下针
（参照p.27）

☐ = │

配色
■ = 深灰色
☐ = 白色
▨ = 明黄色

Q = 扭下针
（参照p.27）

☐ = │

配色
■ = 棕色
☐ = 白色
▨ = 朱砂橘

Q = 扭下针
（参照p.27）

☐ = │

配色
☐ = 桃粉色
■ = 海军蓝
▨ = 鹦鹉绿

棒针编织基础

◆ 如何看懂符号图

符号图均表示从织物正面看到的状态，根据日本工业标准（JIS）制定。用棒针做往返编织时，箭头←所在行看着织物的正面按符号图从右往左编织；箭头→所在行（□ 部分）看着织物的反面按符号图从左往右编织，而且按相反的针法编织（比如，下针符号编织上针，上针符号编织下针，扭下针符号编织扭上针）。本书中，起针就是第1行（圈）。

反针法编织 箭头→所在行看着织物的反面按相

箭头←所在行看着织物的正面编织

⑩ →
← ⑨
⑥ →
← ⑤
② →
← ① （起针）

10　　　5　　　1

□ · ▨ = │ 下针（空格编织下针）

◆ 起始针的制作方法

线头侧

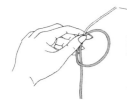

1 留出大约3倍于成品宽度的线头，制作一个线环。

2 用右手的拇指和食指从线环中拉出线圈。

3 在步骤**2**拉出的线圈里穿入2根棒针，拉动线头一侧收紧线结。此为第1针。

◆ 手指挂线起针

挂在食指上　　挂在拇指上

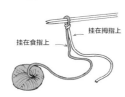

1 第1针完成后，将线团一侧的线挂在左手的食指上，将线头另一侧的线挂在拇指上。

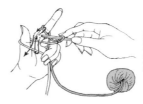

2 如箭头所示转动棒针，在针头挂线。

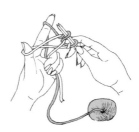

3 慢慢放开拇指上的线

4 如箭头所示插入拇指，将线向外侧拉紧。

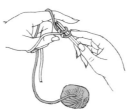

5 第2针完成。从第3针开始，按步骤**2**~**4**的要领继续起针。

6 起针（第1行）完成后的状态。抽出1根棒针，接着用抽出的这根棒针开始编织。

◆ 锁针的钩织方法（使用钩针）

1 将钩针抵在线的后侧，如箭头所示转动针头。

2 再在针头挂线。

3 从线环中将线向前拉出。

4 拉动线头收紧，起针就完成了（此针计为1针）。

5 接着在针头挂线。

6 将挂线拉出，完成锁针。

7 重复步骤**5**和**6**继续钩织。

8 5针锁针完成。

5针

针法符号

▌ 下针

1 线放在后面，从前后插入右棒针。

2 在右棒针上挂线，如箭头所示向前拉出。

3 用右棒针拉出线后，退出左棒针。

4 下针完成。

― 上针

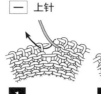

1 将线放在前面，如箭头所示从后往前插入右棒针。

2 如图所示挂线，再如箭头所示向后侧拉出线。

3 用右棒针拉出线后，退出左棒针。

4 上针完成。

◣ 右上 2 针并 1 针

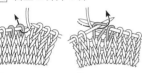

1 箭头所示从前往后入右棒针，不编织，接接移至右棒针上，变线圈的方向。

2 在左棒针的下一针里插入右棒针，挂线，编织下针。

3 在步骤 **1** 中移至右棒针上的线圈里插入左棒针，如箭头所示将其覆盖在左边的线圈上。

4 右上 2 针并 1 针完成。

◢ 左上 2 针并 1 针

1 如箭头所示，从 2 针的左侧一起插入右棒针。

2 如图所示挂线，在 2 针里一起编织。

3 用右棒针拉出线后，退出左棒针。

4 左上 2 针并 1 针完成。

◤ 中上 3 针并 1 针

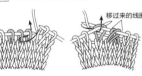

1 箭头所示在左棒针的2针里插入右棒针，不编织，直接移至右棒针上。

2 在第 3 针里插入右棒针后挂线，编织下针。

3 在步骤 **1** 中移过来的 2 针里插入左棒针，如箭头所示将其覆盖在左边的 1 针上。

4 中上 3 针并 1 针完成。

○ 挂针

1 将线放在前面。

2 如图所示将线从前往后挂在右棒针上，接着如箭头所示在下一针里插入右棒针编织。

3 编织 1 针挂针和 1 针下针后的状态。

4 下一行编织完成后的状态。挂针位置出现一个小洞，相当于加了 1 针。

∪ 卷针加针

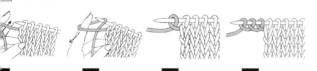

1 箭头所示在手指绕线圈里插入右针。

2 从线圈中退出食指。

3 线圈绕在针上，加了 1 针后的状态。

4 加了 3 针后的状态。

⬭ 伏针（伏针收针）

1 在边上的 2 针里编织下针，在右端的线圈里插入左棒针。

2 如图所示，将右端的线圈覆盖在左边相邻的线圈上。

3 在左棒针的下一针里编织 1 针下针，挑起右边的线圈覆盖。重复以上操作。

4 最后 1 针如图所示将线头穿过线圈，拉紧。

作者简介

沟畑弘美（Hiromi Mizohata）

日本武藏野美术大学短期大学油画专业毕业后，从事平面设计师的工作。2001年对精美配色的提花编织产生浓厚的兴趣，开始参加编织设计师黑雪子（Yukiko Kuro）的课程。出版编织花样作品的同时，还经营一家名为"针线与猫咪"的网店。

■ 为了便于理解，重点教程的图文步骤详解中使用了不同颜色的线。
■ 因为印刷的关系，线的颜色可能与所标色号存在一定差异。

日文原版图书工作人员

图书设计	mill inc.（原辉美 大野郁美）
摄影	大岛明子（作品）本间伸彦（步骤详解、目录）
造型	川村茧美
发型	久保田政光
模特	Larissa
编织方法说明＆制图	中村洋子

原文书名：棒針で編む いきもの模様の冬こもの
原作者名：E&G CREATED
Copyright © eandgcreates 2021
Original Japanese edition published by E&G CREATES.CO.,LTD.
Chinese simplified character translation rights arranged with E&
CREATES.CO.,LTD.
Through Shinwon Agency Beijing Office.
Chinese simplified character translation rights © 2023 by China Textile
Apparel Press
本书中文简体版经日本E&G创意授权，由中国纺织出版社有限公司家出版发行。本书内容未经出版者书面许可，不得以任何方式或任何手段复制、转载或刊登。

著作权合同登记号：图字：01-2023-0893

图书在版编目（CIP）数据

棒针编织动物花样的冬日配饰／（日）沟畑弘美著；蒋幼幼译. -- 北京：中国纺织出版社有限公司，2023.5
ISBN 978-7-5229-0273-9

Ⅰ.①棒… Ⅱ.①沟… ②蒋… Ⅲ.①毛衣针－绒线
－编织 Ⅳ.①TS935.522

中国版本图书馆CIP数据核字（2022）第253773号

责任编辑：刘茸		特约编辑：冯莹	
责任校对：楼旭红		责任印制：王艳丽	

中国纺织出版社有限公司出版发行
地址：北京市朝阳区百子湾东里 A407 号楼　邮政编码：100124
销售电话：010—67004422　传真：010—87155801
http://www.c-textilep.com
中国纺织出版社天猫旗舰店
官方微博 http://weibo.com/2119887771
北京华联印刷有限公司印刷　各地新华书店经销
2023 年 5 月第 1 版第 1 次印刷
开本：787×1092　1/16　印张：4
字数：90 千字　定价：59.80 元

凡购本书，如有缺页、倒页、脱页，由本社图书营销中心调换